KB219568

여기 가려고 주말을 기다렸어

원데이 코스

여기 가려고 주말을 기다렸어

원데이 코스

주말토리 지음

빅피시
BIG FISH

《여기 가려고 주말을 기다렸어: 원데이 코스》는?

매일 손꼽아 기다리는 선물 같은 시간인 주말! 그러나 '이번 주말엔 어디 가지?' 매주 반복되는 고민을 하게 되죠. 주말엔 반복되는 일상에서 벗어나 리프레시를 하고 싶지만, 막상 어디로 가야 할지, 무엇을 해야 할지 찾아보기 번거롭기도 해요. 결국 늘 가던 곳에서 비슷한 시간을 보내게 되어요. 이런 고민을 갖고 있다면, 이 책이 색다른 주말 여행으로 안내해줄 거예요.

《여기 가려고 주말을 기다렸어》와 무엇이 다른가요?

주말토리의 첫 책인 《여기 가려고 주말을 기다렸어》는 '기분과 감정'을 기준으로 300곳의 장소를 큐레이션했어요. 다른 사람들이 좋다는 곳 말고 '오늘 내 기분은 이러해' 하는 마음의 소리에 따라 여행지를 선택할 수 있도록요. 《여기 가려고 주말을 기다렸어: 원데이 코스》는 전작과 마찬가지로 '기분과 감정'을 기준으로 하되, 독자의 의견을 적극 반영해 주말 하루 코스로 큐레이션했어요. 방문하고 싶은 곳이 생겨 떠났을 때 그곳 주변의 맛집과 카페를 찾느라 고생했던 경험이 있나요? 한 지역을 중심으로 근처의 맛집, 카페, 놀 거리를 하루 코스로 짜놨으니 그런 어려움을 도와줄 거예요. 또한 '시야를 넓히고 싶어' 감정이 추가되었어요! 새로운 공간에서 나의 세계와 영감을 채우는 주말을 보낼 수 있을 거예요.
이 책은 전작과 마찬가지로 친구에게 이야기하듯 편한 말투로 쓰여졌어요. 친한 친구가 나를 위해 진심을 담아 주말을 가이드해준다는 생각을 가지고 읽어보시길 추천해요. 이 책과 함께 즐거운 주말이 시작되길 응원해요!

장소 선정 기준

✦ TREND

동시대를 살아가는 친구들의 관심사와 라이프스타일을 최대한 반영했어요. 느림의 미학이 있는 촌캉스, 일과 삶의 균형을 위한 워케이션 장소 등이 그러하죠.

✦ IDENTITY

고유의 스토리를 가진 장소를 선정했어요. 자신에게 몰입할 수 있는 시간을 만들어주는 바*bar*와 같이 말이죠. 이곳에 담긴 장소들의 유니크한 매력을 만나보세요.

✦ NO-NORMAL

다른 매체에서도 쉽게 접할 수 있는 내용보다는 잘 알려지지 않았지만 매력이 넘치는 곳으로 선정했어요. '우리나라에 이런 곳이 있었어?' 라는 감탄이 절로 나올지 몰라요.

✦ QUALITY

네이버 지도, 카카오 지도, 블로그, SNS 등 다양한 플랫폼 내 평점과 리뷰를 꼼꼼히 확인하고 검증했어요. 소재에 대한 정확성 검토 외에도 누군가 불편함을 느낄 만한 곳은 아닌지 등의 절차를 통해 선정했어요.

✦ NO ADS

광고는 없어요. 에디터들이 직접 가봤거나 가보고 싶은 곳들 위주로 사심을 가득 담아 직접 발굴했어요.

주말토리는

2020년, 창업자가 번아웃을 겪은 후 삶의 균형과
주도성을 찾고자 시작한 주말 큐레이션 서비스예요.
일주일에 한 번, 주말을 앞둔 금요일 아침마다
주말에 하면 좋은 활동을 큐레이션해서 메일로
보내주고 있어요. 80명 구독자로 시작한 작은 사이드
프로젝트였지만, 현재는 7만 명 이상의 구독자와
함께하는 브랜드로 자리매김했지요.

우리는 주말을 '내가 스스로 선택할 수 있는 시간'이라고
정의해요. 몇 시에 일어나서 누구를 만나고, 무엇을 할지
온전히 내 시간의 주인공이 될 수 있잖아요. 주말토리와
함께 나의 주말을 주도적으로 만들어보세요!

뉴스레터를 넘어서 도서 《여기 가려고 주말을 기다렸어》
《찐팬이 키운 브랜드 주말랭이》를 출간하고, O2O 경험
큐레이션 '경험상점'을 운영하는 등 영역을 확장하고
있어요. 주말토리의 비전은 더 많은 사람들이 주말에
행복과 만족을 느낄 수 있도록 돕는 것이에요.

주말마다 무엇을 할지 고민이었다면? 주말토리의
뉴스레터를 구독해보세요!

뉴스레터 구독하기

숫자로 보는 주말토리

100K

뉴스레터, 인스타그램 매체를 통해 약 10만 명의
주말을 책임지고 있어요(24년 8월 기준).

* * *

21,000+

금요일마다 소개한 놀 거리가 어느덧 2만 건이
넘어요. 우리나라에 멋진 곳이 이렇게나 많아요!

* * *

2020.8.14

뉴스레터 탄생일!

* * *

200+

지금까지 총 발송한 이메일이
무려 200여 통에 달해요.

* * *

15

첫 책인《여기 가려고 주말을 기다렸어》가
1년 동안 15쇄 중쇄를 기록했어요!
이번 책도 많은 사랑 부탁드려요.

뉴스레터 후기

구독자들이 보내온 후기와 응원

매주 놀 거리를 찾는 주말토리팀에게 구독자들의 응원
한마디는 큰 동력이 되어줍니다. 그간 구독자들이
주말토리팀에게 전했던 소중한 의견들을 소개할게요!

매주 너무 잘 보고 있어요! 뉴스레터를 통해 알게 된 좋은
곳들이 많고 직접 방문한 곳들도 꽤 됩니다. 매주 주말을 알차고
신선하게 보내게 해주셔서 감사해요 :)
이*지

가장 좋아하는 뉴스레터! 덕분에 네이버 지도 저장하기 목록이
완전 풍성해졌다랭! 이젠 주말에 뭐하지 소리가 나오지 않고,
친구들 사이에서 '트렌드 잘알'이 되었다랭! 고맙다랭~!
현*윤

이제는 매주 주말이 기다려져. 더욱 무궁무진한 계획들을
세우고 새로운 추억들로 채울 수 있게 도와줘서 고마워. 내 30대는
주말토리를 알기 전과 후로 나뉘는 것 같아!
김*리

덕분에 주말이 더욱더 소중해졌어요! 주말토리가 점차 커가는
모습을 보면서 저도 성장하는 느낌이예요.
김*희

매주 금요일에 오는 선물 보따리 같아요. 항상 잘 보고
있습니다.
윤*원

금요일마다 설레게 하는 유일한 뉴스레터♥ 주말에 뭐할지
고민이 될 때마다 이전 레터들도 다시 보면서 즐겁게 주말 보내고
있습니다. 앞으로도 계속 열일해주세요 :)
이*정

놓치고 있던 소식이나, 가고 싶었던 곳에 대한 구체적인
정보를 알 수 있게 되어 너무 좋았어. 원래도 매주 어딘가 다니는
걸 좋아하는데 덕분에 내 일상이 더 다채로워진 거 같아. 매주
기다리는데 앞으로도 잘 부탁할게 :3
강*연

평소에 평일을 의무적으로 버티고 나면 주말에는 힘이 나지
않아서 무의미하게 시간을 보내기 일쑤였는데, 이제는 주말의
삶이 기다려지고 평일을 이겨낼 수 있게 되었어요.
안*호

요즘 핫한 곳은 어디인지, 사람들의 숨겨진 나만의 장소는
어디인지 알아보는 재미가 쏠쏠해요.
황*현

주말에 뭐할지 고민될 때마다 그동안 받은 뉴스레터를 살펴
보는데 정말 도움이 많이 되었어요. 무료했던 일상에서 이것저것
하고 싶은 게 많은 주말로 바뀌게 되었네요. 응원해요!
서*원

특별한 경험을 하고 싶을 땐? 경험상점

누구나 리프레시가 필요한 때가 있어요. 매일 반복되는 일상이 지루하게 느껴질 때 우리는 '뭔가 특별하고 새로운 경험이 없을까?' 생각합니다. 하지만 넘쳐나는 선택지 속에서 내가 원하는 경험을 골라내는 것조차 시간과 에너지를 사용해야 하는 부담스러운 일로 느껴지기도 해요. 그럴 때는 '경험상점'의 문을 열어보세요. 이곳에는 나의 일상에 반짝반짝한 에너지를 채워 줄 특별한 경험들이 기다리고 있어요. 흙 속에서 진주를 찾아내듯 까다롭게 엄선한 경험들과 주말토리에서만 만날 수 있는 오리지널 경험들이 있습니다.

✦ 봄 꽃이 피는 시기, 6천 평의 정원을 딱 10팀만 이용하며 즐기는 피크닉
✦ 스마트폰을 잠시 가두고 다정한 도시 공주를 생생하게 여행하는 스마트폰 해방촌
✦ 식물 작가가 일상을 보내는 작업실에서 나만의 고유한 정원을 만드는 플랜팅 클래스

지금까지 경험상점에서 소개한 경험들 중 일부예요. 뻔하지 않으면서도 지금 계절과 잘 어울리는 경험들로 구성하고 있어요.

고민이 필요 없는 완벽한 하루 코스

경험을 신청한 분들께는 그 동네에서 하루를 알차게 보낼 수 있는 동네 코스 뉴스레터를 보내드려요. 식당과 카페, 전시 등의 놀 거리를 쏙쏙 골라서 알려드리기에, 그대로 따라가기만 하면 알찬 하루를 보낼 수 있어요! '밥은 어디서 먹지? 좋은 카페 없나?' 하는 고민들까지 대신해드린답니다.

Enjoy your weekend, Refresh yourself!

지난 주말, 무엇을 하며 하루를 보냈나요?

매주 같은 풍경에 권태를 느끼고 있다면,
색다른 경험으로 일상에 환기를 일으켜보세요.
그 하루가 무채색이었던 나날을
다채롭게 변화시킬 테니까요.

일상이 리프레시되는 경험을 파는 곳
경험상점입니다.

'솔로사우나레포: 호캉스 온 기분, 혼자
즐기는 핀란드 사우나' 후기
너무 좋고 행복했던 시간이라 돌아가는
길에 눈물을 흘릴 정도였던 경험상점
솔로사우나레포! 저도 저희 엄마도
너무 만족해서 꼭 다시 와야겠다
다짐했답니다 :) 몸에 바로 주는 힐링
최고시다! 다음에도 꼭꼭 또 방문할 마음
10000%!!!! 덕분에 힐링 가득한 시간
보낼 수 있어서 너무너무 좋았어요! 따봉!
고마워 엇~!

'북스테이 수선집: 도망가자, 휴식이
기다리는 낯선 동네로' 후기
북경탕수육, 마치고, 시장정육식당
다 맛있었고 무엇보다 심야책방 정말
매력적이네요! 북스테이의 감성을 흠뻑
느끼고 왔습니다. 프론트 지배인 라테도
정말 맛있었어요!

'스마트폰 해방촌:
앗긴 집중력을 되찾는 시간' 후기
이렇게 스마트폰 없이도 잘 지낼 수 있고,
행복할 수 있다니! 경험상점으로 정말
따뜻한 시간 보냈어요. 이끌어주시는
분들도 함께 참여한 분들과의 추억도 넘
좋았고, 공주라는 곳의 매력을 알게 된 것도
넘 좋았습니다 :)

'나를 닮은 고유한 정원 만들기' 후기
알차다는 말로는 부족합니다. 너무
근사하고 싱그러운 경험이었어요! 간단히
자기 소개를 하고 집안 곳곳 식물과
어우러진 공간을 둘러보았어요. 그러고는
원하는 문구가 새겨진 화분에 저마다
식물을 심었지요. 식물을 잘 키우고
싶지만 매번 죽이고 말아 속상한 1인으로,
이것저것 여쭤봐도 하나하나 친절히
답변해주신 덕에 큰 도움이 되었습니다.
여러 개의 식물을 둘 때는 홀수 개로 두어야
식물이 잘 살고 보기에도 더 아름답다는
사실이 너무나 놀라웠답니다. 아름답게
정돈된 집에 머물며 작가님의 경험담을
듣고, 창문 너머 살구나무와 물까치를
멍하니 바라보는 시간은 그 자체로
평화였습니다. 초록 기운이 솟아나는
이 계절에 더할 나위 없이 잘 어울리는
시간이었습니다. 좋은 경험 나눠주셔서
고맙습니다.

CONTENTS

✳ CONTENTS ✳

▶ **새로운 경험을 하고 싶을 때** ◀
▶ **시야를 넓히고 싶어** ◀

✳ CONTENTS ✳

부록

이 책을 보는 방법

PLACE

무한한 디저트
미식의 세계로

대구

평안한 프랜차이즈 커피는 명함도 내밀지 못한다는 곳,
대구에서 디저트로 그 이상의 미식을 경험해보자. 디저트를
사랑하는 사람이라면 한 번쯤 대구로 맛있는 커피를 도장 깨기
하듯 다녀보고 싶다는 생각을 한 적 있을 거야. 맛에 진심인
곳들과 출입 거리가 가득한 공간들을 모아 왔으니, 이 코스를
참고해 여행을 다녀요도 추천해. "디저트는 어딜 가도 다 비슷한
거 아니야?"라고 생각했다면, 아마 깜짝 놀라게 될 거야.

PLANNING

눈과 입으로 즐기는
디저트의 다채로움

평범함 이상의 풍부한 맛을 선사하는
디저트 풍 당이 마이의 도시 대구로 떠나보자.

12:00 묵련양과 ▸ p.00

14:30 해리하스 ▸ p.00

15:30 대구근대역사관광 본점 ▸ p.00

16:30 케이커피라는 대구 ▸ p.00

17:30 피어리트 ▸ p.00

해풍으로 감싸하는 작품

묵련양과

묵련양과는 대구를 방문하는 디저트 러버뿐 아니라 로컬
주민들에게도 사랑받는 곳이야. 비롯은 좋은 재료만을
사용하는 것이지. 이곳에서는 100% 무가농 발가루의
일가루와 프랑스에서 '맛있는 버터'라는 의미를 가졌다는
'그레비에'를 사용해. 크림 단계에서부터 유산균으로
입효화 향이나 감칠맛이 더 풍부세될 수 있도록 하니, 일반
바터(보다 향빈 풍미가 가득하지. 이렇듯 베이킹에 진심인
묵련양과에서는 특별한 파르메산 케이크를 만날 수 있어.
이곳은 파르메산는 마치 하나의 작품이나 모형 같기도 한
비주얼도 놀라워지만, 맛이 훨씬 더 환상적이라고 해. 씹을
과밀 통을 이용해 추가적으로 새로운 메뉴를 좋게 하였기
때문에, 과밀분적이 않은 한친이다. 신선한 과일의
맛과 시감이지 함께 녹고 싶다면 씹을 위한 파르메하를,
밤맛나고 깊은 맛을 느끼고 싶다면 향이 파르메를 추천해.
어릴 적 먹었던 추억의 파르메하는 톤 다른 모습이지만,
묵련양과만의 새로운 마력에 빠지게 될 거야.

🏠 대구 수성구 동인로링링 29
1층
🕐 수~일 11:00~20:00 /
월, 화 휴무
📷 mok_ryon_bakery

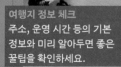

미각를 새롭고나 화려한 볼 거리로 시각을 깨워보자.
해리하스는 감각적이고 인터디한 수입 그림과 사진, 아트

마음을 충족시켜 주는

해리하스

🏠 대구 중구 달구벌대로 2115
1층 해리하스 롱링포장
🕐 일~목 12:00~20:00,
금~토 12:00~21:00 /
휴무는 인스타그램에서
확인
📷 harryhas_

포스
사진
저녁
분위
그녀
선물
너무
고요
있어. 어렵지 않은 방법으로 내 방을 나만의 갤러리처럼
꾸밀 수 있게 되는 거야. 여행을 마치고 방도 꾸밀 시간이
기다려질 걸.

022

023

퍼머넌트

026

대체 여행지 추천!
더 가보면 좋을 장소들을
플랜 B로 추천했어요.

027

별면 페이지
여행과 관련된 정보를 별면
페이지에서 확인해보세요!

264

265

특별한
경험을

#세계관넓히기 #또다른나 #처음

하고
싶어

지루한 일상에 활력 불어넣기

무한한 디저트
미식의 세계로

대구

웬만한 프랜차이즈 카페는 명함도 내밀지 못한다는 곳,
대구에서 디저트 그 이상의 미식을 경험해보자. 디저트를
사랑하는 사람이라면 한 번쯤 대구의 맛있는 카페를 도장 깨기
하듯 다녀보고 싶다는 생각을 한 적 있을 거야. 맛에 진심인
곳들만 모았으니, 이 코스를 참고해 여행을 다녀오길 추천해.
'디저트는 어딜 가도 다 비슷한 거 아니야?'라고 생각했다면,
아마 깜짝 놀라게 될 거야.

PLANNING

눈과 입으로 즐기는
디저트의 다채로움

달콤함 이상의 풍부한 맛을 선사하는
디저트를 찾아 미식의 도시 대구로 떠나보자.

혀끝으로 감상하는 작품

목련양과

📍 대구 수성구 들안로8길 29
1층
🕐 수~일 11:00~20:00 /
월, 화 휴무
📷 mok_ryon_bakery

목련양과는 대구를 방문하는 디저트 러버뿐 아니라 로컬 주민들에게도 사랑받는 곳이야. 비결은 좋은 재료만을 사용하는 것이지. 이곳에서는 100% 유기농 쌀가루와 밀가루 외에도 프랑스어로 '맛있는 버터'라는 의미를 가졌다는 '고메버터'를 사용해. 크림 단계에서부터 유산균으로 발효해 향이나 감칠맛이 더 풍부해지도록 하니, 일반 버터보다 훨씬 풍미가 가득하지. 이렇듯 베이킹에 진심인 목련양과에서는 특별한 파르페와 케이크를 만날 수 있어. 이곳의 파르페는 마치 하나의 작품이나 모형 같기도 한 비주얼도 놀랍지만, 맛이 훨씬 더 환상적이야. 제철 과일 등을 이용해 주기적으로 새로운 메뉴를 출시하기 때문에, 재방문객이 많은 편이라고. 신선한 과일의 맛과 식감을 함께 느끼고 싶다면 제철 과일 파르페를, 쌉쌀하고 깊은 맛을 느끼고 싶다면 말차 파르페를 추천해. 어릴 적 먹었던 추억의 파르페와는 좀 다른 모습이지만, 목련양과만의 새로운 매력에 빠지게 될 거야.

◆

회전율이 느린 편이니 미리 연락하고 방문하면 좋아.

마음을 충족시키는

해리하스

- 📍 대구 중구 달구벌대로 2115 1층
- 🕐 일~목 12:00~20:00 / 금~토 12:00~21:00 / 휴무는 인스타그램 확인
- 📷 harryhas_

미각을 깨웠으니 화려한 볼거리로 시각을 깨워보자. 해리하스는 감각적이고 빈티지한 수입 그림과 사진, 아트 포스터 등이 가득한 포스터 전문 소품숍이야. 액자나 그림을 판매하기 때문에 매장에 들어서면 미술관이나 사진 전시장 같다는 느낌이 들지도 몰라. 만인의 취향을 저격할 대중적인 이미지부터 독특한 것까지 다양한 분위기의 포스터를 취급하고 있지. "이중에 하나는 취향이겠지?" 하고 모두를 만족시키겠다는 마음으로 만든 공간이라는 생각이 들 정도야. 그 때문에 인테리어용 액자나 선물, 기념품 등을 구매하기에도 좋아. 화질이 선명하면서 깨끗하고 가격대도 합리적인 편. 만약 종류가 많아 고르는 게 어렵다면 주인장이 어울리는 것 혹은 취향에 맞는 것을 골라주기도 한다고. 그렇게 원하는 것을 고른 다음에는 사이즈와 프레임을 선택할 수 있어. 어렵지 않은 방법으로 내 방을 갤러리처럼 꾸밀 수 있게 되는 거야. 여행을 마치고 방을 꾸밀 시간이 기다려질 걸.

30년의 세월이 보장하는 맛

대구근대
골목단팥빵
본점

📍 대구 중구 남성로 7-1 1층
🕐 매일 09:00~21:00
📷 daegubbang

대구 여행에서 대구근대골목단팥빵 본점을 빼놓을 수 없지. 30년의 역사를 가진 오래된 빵집이고 여행객뿐만 아니라 대구 사람들에게도 사랑받는 곳이거든. 그래서인지 한국관광공사가 '관광객이 꼭 가봐야 하는 전국 3대 빵집'으로 지정하기도 했어. 이곳은 특히 직접 삶은 단팥으로 만든 수제 팥빵이 아주 일품이야. 오리지널 외에도 크림치즈, 딸기 생크림, 녹차 생크림 등 종류가 다양하니 취향에 맞게 골라봐. 한입 먹어보면 왜 그렇게 사랑받는지 알게 될 거야. 팥빵 외에도 '이달의 메뉴'라는 이름으로 계절마다 새 메뉴들이 출시돼. 여름에는 수제 팥이 듬뿍 올라간 옛날 빙수 그리고 크림치즈 곶감을 올린 단호박 빙수를 만날 수 있는데 과하게 달지 않아 맛있다고. 또 시그니처 메뉴인 로맨틱 풍차 애프터눈티 세트도 특별해. 이름에 알 수 있듯, 빙글빙글 돌아가는 풍차 트레이에 제공되어 선물 받는 기분을 느낄 수 있지. 세트에는 스파클링 와인과 커피, 판나코타가 포함되어 있어 더욱 다채롭게 즐길 수 있어. 그래서인지 중요한 날을 기념하기 위해 방문하는 이들이 많다고 해. 여행에서 기억에 남을 특별한 이벤트를 원한다면 눈여겨보자.

지루할 틈이 없는

레이저
아레나
대구

📍 대구 중구 동성로3길 83
   2층
🕐 월~금 13:00~24:00 /
   토~일 11:00~24:00
📷 laserarena_daegu

디저트 투어로 당을 충분히 채웠다면 에너지를 소비할 시간도 필요하잖아. 대구근대골목단팥빵 본점에서 도보 15분이면 갈 수 있는 곳을 소개할게. 아이부터 어른까지, 뛰어노는 즐거움을 느낄 수 있는 곳이니 누구와 함께 가도 좋아. 이곳 레이저아레나 대구에서는 레이저 서바이벌 게임 20여 가지를 즐길 수 있어. 개인전과 팀전 모두 가능한데, 모르는 사람 다수와 섞여 함께하는 게임이 그렇게 재밌다. 그래서 사람 많은 주말이 더 인기가 많다고. 방문객끼리 서로가 낯설기 때문에 짜릿함이 더 배가 된다고 해. 어색한 사람과 빨리 친해지고 싶을 때 방문한다는 후기도 있어. 지루하지 않은 여행을 원한다면, 아마 이곳에서 가장 오래 머물게 될 거야. 두 게임만 해도 시간이 훌쩍 흐르거든. 계절이나 날씨와 상관없이 실내에서 신나게 놀 수 있는 곳이니 기억해줘.

실내화를 대여해주니 양말을 챙겨서 방문하자.

**이것도 저것도
다 잘하는 팔색조**

퍼머넌트

📍 대구 중구 공평로 69 2층
🕐 매일 12:30~22:00
📷 permanent.kr
🐾 반려동물 동반 가능

아무리 디저트를 사랑한다고 해도 종일 디저트만 먹을 순 없잖아. 그래서 이번에는 식사까지 함께 즐길 수 있는 장소를 추천할게. 연중무휴인 데다가 낮에도 와인과 하이볼 주문이 가능해서 더 좋은 곳이지. 퍼머넌트는 파스타, 프렌치토스트, 커피, 하이볼까지 다양한 메뉴를 준비해두고 있고 모두 맛있는 것으로 유명해. 그중에서도 추천하는 메뉴는 생햄과 부라타 치즈, 올리브 오일이 조화를 이루는 독특한 조합의 프렌치토스트야. 메이플 시럽과 제철 과일이 올라가는 토스트가 평범하게 느껴진다면 생햄 프렌치토스트를 주문하길 추천해. 생전 처음 먹는 조합이지만 절묘한 맛 조합에 고개를 끄덕일 거야. 또 하나 퍼머넌트의 특별한 디저트가 있으니, 바로 소르베! 제철 과일이 어우러지는 구성이라 주기적으로 맛과 토핑에 변화를 준다고. 게다가 유제품이 함유된 셔벗과 달리 소르베는 과즙과 과일 퓌레, 과실주 등을 얼려 만들어. 그 때문에 무엇을 먹었대도 후식으로 이 소르베로 상큼하게 입가심을 할 수 있지.

맛도 모양도 중요하다면

모형처럼 귀엽고 정교한 디저트를 만날
수 있는 '드마르크'로 가보자. 계절마다
제철 재료를 이용한 수제 디저트를 선보여.
독자적인 블랜딩 원두도 인기가 많으니 커피를
좋아한다면 방문하길 바라.

✦ 커피와 함께 즐기고 싶다면

에스프레소 바인 '딥커피로스터스'에서
진한 커피를 즐겨보자. 디저트로 판매 중인
바게트와 크림을 커피에 곁들여봐.

구움 과자류를 좋아한다면

'비둘기 제과점'에서는 소금쿠키를 맛볼 수
있어. 평범한 쿠키 같지만 은근 중독적이야.
저녁엔 늘 품절이거나 종류가 적으니 일찍
방문하길 추천해.

✦ 어디에도 없는 특별한 디저트를 원한다면

'드리퍼베이커'는 비건과 에코프렌들리
디저트를 만날 수 있는 공간이야. 순식물성
재료를 사용하여 쌀 시나몬롤, 현미쿠키, 레몬
코코넛 타르트 등 다양한 메뉴를 선보여.

입안을 상쾌하게 만들 후식을 원한다면

꿀참외, 신비복숭아 등 매달 새로운 수제 젤라토와 소르베를 출시하는
'헤이차일드'로 가보자. 내공이 느껴지는 맛이라고 해.

시간이 녹아 있는
근대로
떠나는 하루

서울

'서울' 하면 높은 빌딩 숲부터 떠오르지만 곳곳에 세월의
흔적과 과거의 유산들이 모래알 속 진주처럼 숨어 있어.
우리나라의 옛 모습을 간직하고 있는 곳들을 둘러보며 잊지
말아야 할 것들을 되새겨보자. 그 속에서 익숙한 듯 새로운
재미를 하나씩 줍다 보면 나의 일상도 환기가 될 거야.

이 글은 객원 에디터 잎새의 추천으로 만들어졌습니다

PLANNING

서울의 옛 자취를
따라가보기

눈부신 성장 속에 급격하게 변화한 서울.
점점 사라져 가는 옛날의 모습을
추억할 수 있는 코스야.

🍴

**50년 넘는 역사의
칼국수 맛집**

혜성칼국수

📍 서울 동대문구
왕산로 247-1

🕐 화~일 10:30~20:00 /
월 휴무

1968년에 문을 열어 무려 56년의 역사를 갖고 있는
노포 칼국수 전문점이야. 예스러운 금장의 서체로 식당
이름이 적힌 문에서부터 세월과 내공이 느껴지는 곳이지.
메뉴판은 단 두 줄로 끝! 멸치로 육수를 우려낸 시원한
멸치칼국수와 담백한 닭국물이 매력인 닭칼국수, 이렇게
두 종류의 칼국수가 전부야. 단출한 메뉴판이지만 그래서
더 자신감이 느껴져. 깔끔한 맛을 원한다면 멸치칼국수를,
진하고 깊은 맛을 원한다면 닭살을 쭉쭉 찢어 고명으로
올린 닭칼국수를 추천할게. 직접 제면한 면과 깊은
국물이 매력적이고, 칼국수를 먹을 때 빠질 수 없는
겉절이는 달달하고 매콤하게 맛있어 한 번 오면 단골이
되어버린다고. 어렸을 때부터 부모님 손 잡고 다니던
곳이라는 후기가 정말 많아. 양도 많고 면이 모자라면
리필도 해주니 인심에 다시 반하게 되는 곳. 오로지
'칼국수' 하나로 50년 넘는 세월을 버텼다니, 그 맛이
궁금하지 않아?

✦

칼국수에 풀어 먹는 양념이 꽤 매콤한 편인데,
푸는 순간 완전히 다른 맛이 돼. 먼저 본연의 맛을 즐기고 반쯤
먹었을 때 양념을 풀어 색다르게 즐기는 것을 추천해.

지구에 불시착한 우리가 함께
만들어가는 공간

지구불시착

독립서점이지만 따뜻한 공동체의 느낌을 받을 수 있는
공간이야. '지구불시착'이라는 이름은 어느 날 갑자기
삶에 던져진 불완전한 우리 존재를 생각하며 짓게
되었다고 해. 불완전한 존재이지만, 책을 좋아하는
공통점 하나로 모여 단단한 문화를 만들어가는 곳.
'동네 책방은 네트워크 공간'이라고 정의한 대표님의
말에 고개가 끄덕여지는 정겨운 공간이야. 누구나 편히
들어와 자연스럽게 이야기를 나눌 수 있고, 취향에 맞춰
참여할 수 있는 여러 가지 프로그램을 진행하고 있지.
작은 공간이지만 옹기종기 모여 앉아 시인을 초대해 시
낭독회를 하고, 매주 저녁에 만나 한 주제에 대한 글을
쓰고 이를 모아 책으로 만드는 '글이다 클럽'을 진행하기도
해. 독립출판에 도전하는 프로젝트도 있었다고. 사연이
있는 책, 그냥 내가 좋아하는 책, 최근 읽고 있는 책 등 각자
책을 자랑하는 '책 자랑 북토크'도 이곳에서 하는 귀여운
프로그램 중 하나야. 책 외에도 친환경 물품, 포스터,
메모장 등 다양한 굿즈를 구경하는 재미가 있고, 태릉
근처에 위치한 만큼 태릉을 주제로 한 특별한 굿즈도 만날
수 있다고.

📍 서울 노원구 공릉로32길 13
　 1층
🕐 매일 10:00~23:00
📷 illruwa2
🚫 아이 동반 불가

인스타그램 프로필 링크에 있는 '월간 지구인'에 신청하면, 10%
할인된 금액으로 제품과 프로그램을 이용할 수 있는 상품권을 살
수 있어.

**할머니, 할아버지가 살았던
서울의 모습**

서울생활사
박물관

📍 서울 노원구 동일로174길
27
🕐 화~일 9:00~18:00 /
월 휴무
🌐 museum.seoul.go.kr/
sulm
🐾 반려동물 동반 가능

이곳은 단순한 박물관이 아닌, 우리나라 근현대사의 살아
있는 역사 교과서 같은 곳이야. 해방 이후부터 현재까지
서울 시민들의 생활사를 생생한 공간과 체험을 통해
보여주지. 1층부터 3층까지는 서울 풍경, 서울살이,
서울의 꿈이라는 주제로 구성된 상설 전시가 있어. 특히
서울살이 전시에서는 1950년대 말과 1970년대 말의
평범한 서울 사람들의 집을 재현했는데, 낡은 타자기와
흑백텔레비전, 다듬이질을 하는 엄마의 모습 등 향수가
느껴지는 전시물들을 만날 수 있지. 4층에서는 기획
전시가 연중 열리고 있어 볼거리가 아주 풍성하다고.
박물관 건너편의 과거 구치소로 쓰이던 공간은 교정 시설
체험장으로 꾸며져 실제 수용 생활을 체험해볼 수 있고,
본관 1층에는 옛 법정을 재현한 법정 체험실도 마련했어.
옛 시대상을 보여주는 동시에 직접 몸으로 경험할 수 있어
그야말로 '살아 있는 교과서'인 셈. 어린 시절의 추억을
떠올려보거나 부모님 세대의 애환 어린 삶의 모습을 엿볼
수도 있을 거야. 잊혀가는 과거의 기억들이 되살아나는
이곳에서 근현대사의 향수를 느껴보자.

아이와 함께라면 뛰어놀기 좋은 어린이 체험실 '옴팡'을 추천해.
서울시 공공서비스 예약 페이지에서 관람 예약을 하고 방문해줘.

**이제는 사라진 경춘선을
추억하며**

경춘선숲길
화랑대
철도공원

한때 서울과 춘천을 오갔던 경춘선은 새로운 선로가
개통되면서 이제는 찾아볼 수 없지만, 공릉동에 있는
경춘선숲길 화랑대 철도공원에서는 그 시절의 추억을
되살릴 수 있어. 태릉역이라는 이름으로 처음 개설됐던
화랑대역은 서울의 마지막 간이역인데, 그 주변 부지를
공원으로 만들어 이제는 많은 사람에게 사랑받는 산책로가
되었지. 역사 내부는 낡은 나무 벤치, 보따리를 올려놓는
짐칸, 추억의 간식 카트 등 경춘선의 추억을 느낄 수
있는 전시관으로 꾸며져 있어. 폐열차에 올라타면 서울
근현대사와 옛 기차 여행의 정취를 느낄 수 있는데, 기차를
찬찬히 둘러보면 과거로 시간 여행하는 기분이 들 거야.
밤이 되면 화랑대공원은 노원 불빛정원으로 바뀌는데
'음악의 정원' '불빛 터널' '비밀의 화원' '숲속 동화나라'
등 총 10가지의 다양한 테마로 꾸려지니 야경을 보러가도
좋아. 우리의 근현대사와 함께한 경춘선의 남아 있는 자취를
밟아보며, 그 시절로 잠시 여행을 떠나보는 건 어떨까?

📍 서울 노원구 공릉동 29-51
🐾 반려동물 동반 가능

벚꽃 시즌에 가기에도 좋은 벚꽃 명소야.

아늑한 나만의 동굴 속으로

웨일스

📍 서울 노원구 공릉로35길
　22 1층
🕐 월 18:00~1:00 /
　수, 목 18:00~2:00 /
　금~일 18:00~3:00 /
　화 휴무
📷 whales_pub
🚫 아이 동반 불가

경춘선숲길 앞, 낮은 건물에서 새어나오는 빛이 호기심을 불러일으켜. 마치 유럽 어느 마을의 펍 같다고나 할까? 문을 열고 들어가면 왠지 동네 주민들이 모두 모여 왁자지껄 하루의 고단함을 풀고 있을 것 같은 곳. 아늑한 동굴 같이 생긴 웨일스는 2~3명 정도가 술 한 잔씩 하며 오붓하게 시간을 보낼 수 있는 공간이야. 파스타, 감바스 같은 식사 메뉴는 물론 간단하게 먹을 수 있는 스몰 디시도 있어. 기본으로 나오는 주전부리는 빨간 통에 가득 담은 팝콘. 들어가자마자 고소한 팝콘 냄새가 진동하는 건 이 때문이지. 시그니처 메뉴는 통베이컨 크림 파스타야. 꾸덕한 크림 파스타 위에 바삭하게 구워낸 두꺼운 통베이컨이 올라가고, 치즈를 살살 뿌려 녹진하고 짭짤한 맛이 아주 일품이라고. 주류 중에서는 칵테일이 주력인 만큼 종류도 다양하고 원한다면 연하게 주문하는 것도 가능해. 편안한 분위기 속에서 잔을 부딪히며 낭만적인 밤을 보내볼까?

월요일은 웨일스의 '스페셜 데이'로, 메인 메뉴를 운영하지 않는 대신 안주를 포장해 오거나 배달 음식을 주문해 자유롭게 먹을 수 있어.

도심 속 자연을 찾고 있다면

'홍릉시험림(홍릉숲)'은 서울 시내에 숨어 있는 수목원이야.
평일에는 숲해설사와 함께하는 프로그램이 예약제로
진행되고 주말에만 자유관람이 가능해. 일반 수목원이 아닌
산림과학연구시험림이기에 다양한 연구와 환경 생태 보전을 위해
관람을 제한한다고 해.

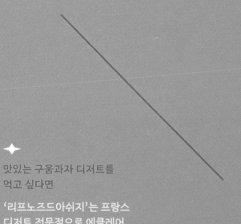

야외에서 시원한
맥주 한잔하고 싶다면

'마실자리'에서는 선선한 저녁,
산책하는 강아지들과 주민들이
걸어다니는 평화로운 철길을
보며 야외 자리에서 시원한
맥주를 마실 수 있어.

맛있는 구움과자 디저트를
먹고 싶다면

'리프노즈드아쉬지'는 프랑스
디저트 전문점으로 에클레어,
피낭시에, 카눌레 등 예쁘고 맛있는
디저트들이 가득해. 프랑스 유학파
사장님이 운영하는 곳이라 새로운
디저트도 믿고 먹을 수 있지.

옛 민속 주점의 분위기를 즐기고 싶다면

'동학'은 옛날 사극에서나 봤던 주막 같은
분위기에 다양한 막걸리와 안주를 파는 곳이야.
맛은 물론 가격도 착해서 인근 대학생들이 많이
찾는 곳이기도 해.

가정집 느낌의 편안한 카페를 찾는다면

단독주택을 개조해 만든 '위플랜트위커피'는 아늑하고 편안한 분위기의
카페야. 크로플 맛집으로 소문난 곳이기도 해. 반려동물 동반이 가능해서
강아지와 경춘선숲길 산책을 마치고 가도 좋아.

찐시골에서 느끼는
자유, 촌캉스
전남 화순

복잡한 도시를 떠나 '진짜 시골'을 느끼고 싶다면
화순으로 떠나자. 단순히 초록이 많아 시골이라고 부르는
곳이 아닌, 시골 토종의 맛과 멋이 물씬 나는 곳이거든.
인위적인 손길이 많이 닿지 않아 더 아름답고 정겨운,
한국의 진짜 시골을 경험하러 가볼까?

PLANNING

촌캉스의 정석 맛보기

언제 가도 편안한 할머니 댁처럼,
구수한 향이 반기는 진짜 시골로 떠나보자.

한국의 가장 아름다운 저수지

세량제

저수지는 인공 수리 시설이지만, 물이 넉넉해 자연스레 그 주변에 나무와 풀들이 자라면서 예쁜 풍경을 만들어내지. 전국에 수많은 저수지가 있지만, 화순 세량제는 그중에서도 손에 꼽히는 아름다운 저수지야. 2012년에는 미국 CNN에서 '한국에서 꼭 가봐야 할 50곳'으로 선정되기도 했다고. 특히 우거진 나무들이 벚꽃을 피우는 봄은 전국에서 사진가들이 몰려들 정도로 아름다워. 잔잔한 수면에 비친 모습도 장관이지. 봄은 물론 사계절 내내 예쁜 풍경을 감상할 수 있는 곳이야. 저수지 주변으로는 둘레길이 있는데, 대부분 완만한 흙길이고 중간중간 쉬어갈 수 있는 의자도 있어 어르신, 아이와 함께 걷기에도 좋아. 한 바퀴를 도는 데 대략 30~40분 정도면 충분해. 세량지 오른쪽에 있는 산자락을 따라 4km의 트래킹 코스를 오르면, 사랑 나무라고도 불리는 연리지를 만날 수 있어. 가볍게 산책으로 다녀올 수 있는 정도니까 들러보길 바라. 적당한 오르막길과 푸른 나무 사이를 다니며 풍성한 자연을 눈에 담고 쉬엄쉬엄 걸어보자.

📍 전남 화순군 화순읍 세량리 98
🐾 반려동물 동반 가능

건강하고 든든한 보리밥 정식

벽오동

화순 주민들도 많이 간다는 이곳은 착한 가격으로 배를 든든하게 채울 수 있는 한식 맛집이야. 밥은 보리밥과 쌀밥 중 고를 수 있는데, 고소한 맛이 매력인 보리밥 정식을 추천해. 정식은 각종 반찬과 국, 수육과 불고기, 생선구이까지 상다리가 부러질 정도로 한 상 가득 나오지. 나물 반찬을 보리밥에 모두 넣고 고추장과 함께 비벼준 다음, 냄새만 맡아도 침이 고이는 참기름을 한 바퀴 둘러주면 끝! 아는 맛이지만 그래서 더 무서운 비빔밥이 완성돼. 신선한 재료들을 넣은 비빔밥은 든든하지만 더부룩하지 않고 건강해서 좋지. 푸딩 같은 계란찜과 구수한 된장찌개, 야들야들한 수육과 달달한 불고기까지 싹싹 비우게 된다고.

📍 전남 화순군 화순읍 오성로
   388 1층
🕐 목~화 10:00~20:00,
   브레이크 타임
   15:00~17:00 / 수 휴무

벽오동 화순점에서는 멋진 경치도 감상할 수 있어.

역사와 자연이 빚어낸 예술 작품

화순적벽

📍 전남 화순군 이서면 월산리
　　산25-3
🕐 수, 토, 일에만 운영 /
　　1회차 9:30~12:00 /
　　2회차 13:30~16:00 /
　　적벽투어로만 입장 가능
🌐 tour.hwasun.go.kr
🐾 반려동물 동반 가능

화순적벽은 무려 조선 시대부터 문인들의 사랑을 받아 왔던 곳이야. 7km에 걸쳐 펼쳐진 붉은 절벽의 장관 때문에 다양한 이름의 찬사를 받았고, 그 아름다움이 마치 하늘이 내린 선물 같다고 평가되기도 했어. 시인 묵객들뿐만 아니라 서민들의 휴식처이자 피서지이기도 했지. 30년 간의 긴 휴식 끝에 2013년, 마침내 화순적벽 중 노루목적벽과 보산적벽이 대중에게 개방되었어. 이 두 곳은 적벽투어를 통해서만 만날 수 있고, 투어는 매 주말 1일 2회씩, 3시간 동안 진행돼. 투어에 참여하면 거북섬부터 시작해 노루목적벽과 보산적벽, 망향정과 망미정을 버스로 편하게 둘러볼 수 있어. 망향정에서 바라볼 때 웅장한 옹성산을 배경으로 펼쳐지는 절벽의 모습이 특히 압권이라고. 마치 한 폭의 수채화 같은 이곳을 가만히 바라보고 있으면, 조선 시대 문인들이 사랑했던 이유를 알게 될 거야. 역사와 자연이 빚어낸 하나의 예술 작품 같은 이곳을 천천히 감상해봐.

화순적벽투어는 인기가 많으니 온라인으로 예약하고 가길 바라.

040

할머니가 만들어주시던
간식이 생각나는

꽃피는
춘삼월

📍 전남 화순군 도곡면
   고인돌1로 262-2
🕐 화~금 11:30~18:00 /
   토, 일 10:30~18:00 /
   월 휴무
🕐 매일 11:00~21:00
📷 chunsamwol_
🐾 반려동물 동반 가능

오래된 한옥 대문 사이로 들어서면 가장 먼저 멋진
정원 공간이 반겨줘. 한옥기와집은 이름도 예쁜 본관
'해오름'과 별관 '달오름' 두 채로 나뉘어 있어. 메뉴는
한옥카페답게 한국적인 매력을 담았어. 곶감수정과,
쌍화탕 등 전통음료와 바삭 인절미, 흑임자 아이스크림,
가래떡구이 같은 전통 다과까지. 특히 바삭 인절미는 처음
보는 신기한 비주얼일 거야. 이름대로 겉은 바삭하고 속은
쫀득쫀득해 꼭 주문해야 하는 메뉴지. 다과는 세트로
주문할 수도 있는데, 양갱과 찹쌀떡, 곶감말이 등 여러
종류가 정갈하게 나온다고 해. 꽃피는 춘삼월은 1997년
'강덕순 다과원'이라는 이름으로 시작해 지금까지
전통적인 다과상을 정성껏 차려온 곳이야. 바닥에 방석을
깔고 편하게 앉아 달달한 다과를 먹으면 한국의 맛과 멋에
푹 빠지게 될 거야.

주차 공간이 넉넉해서 자차로 와도 괜찮아.

신나는 밤을 보낼 수 있는

꿈꾸는가

평범해 보이는 시골집이지만 내부에 반전이 숨어 있는 촌캉스 숙소야. 숙소 옆 별채에는 사장님과 귀엽고 순한 강아지 가을이, 멍이가 살고 있어. 거실에 들어서자마자 보이는 것은 계단식 마루와 실제로 불을 땔 수 있는 난로야. 이 난로 덕분에 겨울에도 따뜻하게 지낼 수 있어. 난로 옆에는 드럼, 기타와 노래방 기계가 준비되어 있는데 친구들 또는 가족들과 촌캉스를 하러 왔다면, 밤에는 흥겨운 파티를 즐길 수 있어. 얼마든지 시끄럽게 놀아도 괜찮은 독채에서 넓은 마루를 누비며 흥이 넘치는 시간을 즐겨보자. 보드게임도 구비되어 있어 지루할 틈이 없을 거야. 안쪽의 바비큐장은 온실처럼 되어 있어 날씨 상관없이 즐길 수 있어. 세 개의 방 중에 하나는 침대가 있는 방이고 다른 두 방은 바닥에 이부자리를 깔고 자는 방인데, 등이 뜨끈뜨끈해지는 구들장에서 자보는 것도 촌캉스만의 묘미지. 바로 옆집에 사장님이 계시니 필요한 것은 바로 요청할 수 있어 편리하고, 무엇보다 사장님이 정말 친절해.

📍 전남 화순
(예약시 자세한 주소 안내)
🏠 반려동물 동반 가능
(한 마리)

차로 5분 거리에 편백나무숲 산책로인 숲정이가 있고, 20분 거리에는 계곡이 있어. 30~40분 거리에는 낙안읍성, 송광사, 유마사, 보성녹차밭 등 있으니 관광하기에도 좋은 위치야.

건강한 빵을 먹고 싶다면

현지 농산물과 건강한 재료들로 빵을 만드는 '누룩꽃이핀다'를
추천해. 이곳에는 통밀빵, 팥빵, 소보루빵처럼 투박하지만 언제
먹어도 맛있는 담백한 빵들이 있어.

화순과 이양 사이 귀여운 간이역

'능주역'은 현재는 이용객이 적지만
여전히 기차를 운행하고 있는 간이역이야.
1950년대에 지어진 건물의 모습을 그대로
간직하고 있어 레트로한 멋을 느낄 수 있지.

천불천탑의 미스터리를 품은 신비로운 사찰

영화 〈외계인〉의 촬영지이기도 한 '운주사'는
어딘가 신비로운 느낌이 나는 사찰이야.
바위를 대웅전 삼은 듯한 다양한 불상들도 만날
수 있어.

인심이 넉넉한 로컬 돼지갈비 맛집

'초원갈비'는 열 가지가 넘는 밑반찬들이
함께 나오는 숯불 돼지갈비집이야. 숯불향이
은은하게 밴 돼지갈비는 너무 달지도 짜지도
않아 추가 주문하게 될 거야.

기분 좋은 커피 향이 솔솔 나는

직접 로스팅하는 원두로 커피를 내리는
'부덕커피로스터즈'는 내부가 넓고, 다양한 빵과
디저트를 팔고 있어 간단한 브런치를 먹으러 가도 좋아.

PLACE

자연과 깊게
교감하는 경험

제주

자연은 늘 우리 곁에 있지만, 바쁜 도시 생활을 하다 보면 그
존재를 종종 잊을 때가 많아. 자연이 우리에게
주는 힘은 생각보다 훨씬 큰데 말이지. 늘 마주하는 자연을
여행을 통해 더 가까이, 색다르게, 다양한 감각으로
만나 그 힘을 얻어보는 건 어떨까?

자연과 가장 가까운 곳에서
보내는 하루

평소에는 그저 배경이었던 자연이
주인공이 되는 코스야.
더 많이, 더 오래 바라보다 보면
저절로 힐링이 될 거야.

숲의 목소리가 들려

사운드워킹

📍 제주도 서귀포시 안덕면
화순서동로 151 도로
맞은편(집결지)

📞 soundtour.net/
soundwalking

🎫 초등학생 이상부터 이용
가능

'사운드워킹'은 말 그대로 소리를 들으며 걷는 프로그램이야. 휘잉휘잉, 바스락바스락. 자연이 내는 다양하고 신비로운 소리들을 들으며 시각이 아닌 청각으로 자연을 느끼는 특별한 경험이지. 보통 시선을 사로잡는 풍경에 감탄하지, 소리에 온전히 집중해본 적은 많지 않잖아. 실제 자연이 들려주는 소리를 생생하게 들을 수 있다는 것이 너무 큰 매력이야. 사운드워킹은 화순곶자왈에 모여 개인별로 지급되는 소형 녹음기와 헤드셋을 착용하고, 해설사와 함께 걸으며 제주의 소리에 집중하는 방식으로 진행이 돼. 새들의 노랫소리부터 주먹만 한 돌들이 부딪히는 소리까지, 마치 자연이 바로 옆에서 나를 어루만져 주는 느낌이 든다고 해. 마음에 드는 소리는 직접 녹음해보고, 오래오래 간직할 수도 있어. 도심의 소음은 잠시 끄고, 자연이 내는 소리에 귀 기울여 보면 어떨까? 그동안 전혀 몰랐던 세계를 만나게 될지도 몰라!

안전한 워킹을 위해 운동화를 착용하고,
물을 챙겨오는 것을 추천해.

히비안도
코하쿠

편안하고 차분한 분위기가 반겨주는 이곳은, 일본 퓨전 가정식 식당이야. 오래전 서울 홍대에서 식당을 운영하다가 제주로 이사 온 주인장이 운영하는 곳이지. 이곳의 메뉴는 간단하게 딱 세 가지 뿐인데 모두 깔끔하고 정갈하게 나오는 정식이야. 그중 대표 메뉴인 히비 정식은 연근, 감자, 당근, 가지 등 건강한 채소를 닭고기와 함께 바삭하게 튀겨 특제 소스에 버무리고, 흰쌀밥과 함께 곁들여 먹는 메뉴야. 튀긴 건 맛이 없을 수 없지! 평소에 채소를 좋아하지 않는 사람들도 싹싹 접시를 비울 정도라고. 에비 카레는 크림소스에 오래 볶아서 단맛이 매력적인 양파와 통통한 새우살이 올라가 고소하고 담백한 맛이 특징이야. 히비 정식과 함께 마니아층을 갖고 있는 양대산맥 같은 메뉴이지. 건강하지만 동시에 맛있는, 정성이 느껴지는 요리를 먹고 싶다면 추천해.
식당과 작은 소품숍을 같이 운영하고 있어 그릇과 각종 식기류, 작은 액세서리류도 판매하니 찬찬히 둘러봐도 좋아.

📍 제주 서귀포시 효돈로 107
　1층
🕐 매일 10:30~15:00
📷 hibi_kohaku
🐾 반려동물 동반 가능

가까운 곳에 사장님 부부가 운영하는 다른 카페 '스나오코히'도 들러봐. 히비안도 코하쿠의 분위기가 마음에 들었다면 이곳도 틀림없이 좋아할 거야. 추천 메뉴는 쌉싸름한 녹차 생초코 디저트인 '녹차의 맛'!

자연을 그대로 담은
동화 같은 정원

베케

베케는 제주에 있는 여러 정원 중에서도 자연 그대로의 모습을 살린 자연주의 정원이야. 인위적으로 예쁘게 깎거나 관리해서 만들어진 정원이 아닌, 식물들이 본모습 그대로 조화를 이루는 곳이지. 마치 천혜의 자연 속 동화 나라에 잠시 방문한 느낌이 들 거야. 특히 이곳은 식물을 다양한 높이에서 볼 수 있도록 지형지물과 동선을 짜두었어. 우리는 늘 인간의 시선으로 자연을 봤지만 이곳에선 미처 보지 못했던 부분들까지 자연의 시선을 따라갈 수 있지. 가령 바닥에 붙어 자라는 낮은 식물을 같은 눈높이에서 보면서 색다른 경험을 할 수 있어. 12,000원의 입장료가 아깝다는 생각이 들지 않을 정도로 아름다운 모습에 반하게 될 거야. 무료 도슨트도 오전과 오후에 한 번씩 진행되는데, 듣고 나면 정원 곳곳에 숨겨진 김봉찬 조경가의 제작 의도를 이해할 수 있어 흥미로워. 알고 나면 또 다르게 보이잖아! 정원과 함께 운영하는 카페에서는 돌담슈페너, 제주화산암차 등 제주만의 특색이 있는 메뉴를 판매하고 있어. 정원을 둘러본 뒤엔 달달한 음료 한 잔 마시면서 창밖의 멋진 풍경을 한번 더 음미해보자.

📍 제주 서귀포시 효돈로 48
🕐 수~월 9:30~17:30 /
   화 휴무
🐾 반려동물 동반 가능

베케는 정원을 좀 더 차분히 감상할 수 있도록 사전 예약제로 운영되고 있어. 네이버 예약을 통해 가능하고, 잔여분이 있을 땐 현장 구매도 가능해.

너도 나도 함께 사랑하는 오름

오르머

📍 주소와 운영 시간은
　 프로그램별 상이
📷 oreumerjeju
🚫 아이 동반 불가

오르머는 이름에서도 느껴지듯 제주 오름을 사랑하는 브랜드야. '내가 좋아하는 오름을 남들도 좋아했으면 좋겠다'는 마음으로 시작되었다고 해. 제주 오름 지도와 오름 수첩 등의 콘텐츠로 우리가 미처 몰랐던 오름의 매력을 널리 전파하고 있지. 오르머에서는 다양한 프로그램을 진행하기 때문에, 시기에 맞는 활동을 잘 찾아보길 바라. 오름에서 산들바람을 맞으며 하는 드로잉, 오름부터 해안가까지 함께 조깅하며 쓰레기도 줍는 바다 플로깅, 숲내음 가득한 오름 속에서 고요함을 누리며 하는 요가 등 취향 따라 다양하게 즐길 수 있어. 특히 요가는 사람들이 잘 알지 못하는 비밀 스폿에서 하기 때문에 색다른 경험을 원한다면 추천해. 숲속 요가와 바다 노을 요가 두 가지로 준비되어 있는데, 숲속 요가는 사유지에서 하기 때문에 울창한 나무와 신선한 공기를 프라이빗하게 누릴 수 있고, 바다 노을 요가 역시 인적이 드문 바닷가에서 하기 때문에 편하게 동작에만 집중할 수 있어. 우리도 제주 오름의 매력에 푹 빠져볼까?

🍴

따뜻한 왁자지껄함이 있는

사부작

하루에 딱 10명만 받는 식당이 있다? 이곳은 로컬 식재료로 만든 코스 요리와 제주 전통술을 경험할 수 있는 소셜다이닝이야. '소셜다이닝'이라고 부르는 이유는, 셰프 쟈니와 손님의 교감이 이곳의 특징이기 때문이지. 보통 코스 요리 식당의 경우, 순서대로 음식이 나오고, 음식을 내어줄 때에 간단한 설명을 위한 대화만 오갈 뿐이잖아. 사부작은 식사가 끝나갈 무렵, 셰프의 리드 하에 게스트들이 소소한 근황 이야기를 나누고 승부욕을 자극하는 게임이 열리기도 해. 10명만 받는 이유도 여기에 있지. 단순히 음식 제공을 넘어 셰프와 손님 그리고 손님들 간의 재밌는 소통이 있는 곳이야. 1인 여행객도 부담스럽지 않도록 입담 좋은 셰프가 잘 리드해주니 걱정할 필요 없어. 재방문 후기가 넘쳐나는 데에는 이유가 있거든! 신선한 로컬 재료로 만든 알찬 코스 요리와 제주에서만 마실 수 있는 술 그리고 새로운 만남으로 식사 그 이상의 특별한 경험을 하고 싶다면 꼭 가보길 바라.

📍 제주 서귀포시 표선면 번영로 3361-20
🕐 금~화 19:00~23:00 / 수, 목 휴무
📷 jeju_savzak
🔞 아이 동반 불가

사전 예약제이기 때문에 예약은 캐치테이블로, 예약이 마감되었다면 전화로 문의해줘.

 서귀포에서 빵지순례

'시스터필드'는 각종 구움 과자와 빵들이 어느 하나 고르기
어려울 정도로 모두 맛있는 곳이야. 빵마다 나오는 시간이
상이하기 때문에 시간을 확인하고 방문해 따끈따끈한 빵을
먹어보자.

인생 에그타르트를
만나고 싶을 때

외관부터 독특한 '아줄레주'는
포르투갈식 에그타르트를
만드는데, 많은 사람이 인생
에그타르트로 꼽는 곳이야.
자리마다 뚫려 있는 큰 창으로
바깥 풍경을 보며 사르르 녹는
에그타르트를 즐겨봐.

식물원에 온 듯한 카페

'식물집카페'에서는 다양한
화분들과 식물을 만날 수 있어
머물기만 해도 싱그러움에
기분이 좋아져. 다양한
화분들을 판매도 하고 있으니
식물을 좋아하거나 식집사를
꿈꾼다면 하나 골라봐도
좋아.

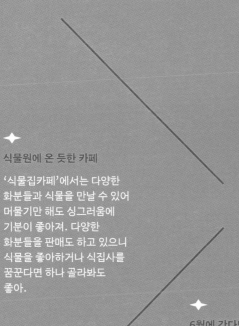

6월에 간다면

'청수곶자왈 반딧불이 축제'는 6월에만 경험할
수 있는 축제로, 신비로운 반딧불이를 두 눈 가득
담을 수 있어. '맑고 깨끗한 물'이라는 뜻의 제주
청수리에서 열리지. 울창한 숲속에서 빛나는
반딧불이를 보면 비현실적인 느낌이 들 거야.

 지중해가 아닌 제주도에서 만나는 올리브

지중해가 떠오르는 올리브 미식 투어를 제주도에서 할 수 있다니!
'제주 올리브 스탠다드 농장'에서는 농장을 산책하며 올리브에 대한
지식을 쌓고 미식을 체험할 수 있어. 올리브의 다채롭고 새로운 맛이
궁금하다면 체험해봐.

PLACE

아날로그의 매력에
빠지는 코스
부산

바쁘다 바빠 현대사회에서는 모든 게 빨리빨리 흘러가잖아.
어쩌면 우리는 쳇바퀴 위에서 달리는 햄스터보다도 더,
빙글빙글 멈추지 못한 채 어지럽게 살아가는 것 아닐까?
가끔은 시간이 멈춘 것만 같은 장소에서 자발적으로 느리게
흘러가는 하루를 경험해보자. 예스러운 장소들이지만 그렇기
때문에 더 새롭고 매력적인 곳들만 모아왔으니, 이대로
여행해봐도 좋을 거야.

바다가 아니어도
부산의 매력을 느낄 수 있는

부산 여행을 특별하게 만들어줄 장소들.
직접 만들고, 쓰고, 읽는 장소들에서
아날로그 매력에 빠져보자.

정성으로 만들어진 작품과의
수줍은 만남

뉴뉸

여행에서 빠질 수 없는 것이 기념품이지! 부담스럽지 않은 가격으로 아기자기한 소품을 구매할 수 있는 뉴뉸으로 가보자. 여행지에서 구매하는 물건은 때로 사진과 영상보다도 더 선명하게 추억을 떠올릴 수 있게 해주잖아. 뉴뉸에서는 국내외 작가와 브랜드의 다양한 작품을 구매할 수 있어. 매력적인 핸드메이드 도자기와 인테리어 소품이 가득하지. 이곳의 제품들은 어느 것을 골라도 감각적이니 선물을 구매하기에 안성맞춤이야. 나를 위한 선물을 하나 골라봐도 좋은 곳이지. 도저히 고르기 어렵다는 생각이 들 때는 사장님에게 취향을 이야기하고 추천을 받을 수도 있어. 매장을 방문하면 종종 귀여운 복슬 강아지가 반겨주기도 하는데, 이 친구와 마주친다면 이곳에 머무는 시간이 더욱 즐거워질 거야.

📍 부산 수영구 무학로33번길 57 1층
🕐 수~월 11:00~19:00 / 화 휴무
📷 newnewn_official

사랑스러움으로 가득한

포이
세라믹스
앤 윗하우스

키치하고 통통 튀는 색감의 세라믹이 가득한 브런치 카페 포이세라믹스 앤 윗하우스를 소개할게. 도자기 쇼룸과 브런치 카페가 합쳐진 복합문화공간이야. 포이*pottery of you* 세라믹스는 '너만의 도자기'라는 정체성을 가진 도자기 브랜드로 샌드위치, 소금빵 전문 브런치 카페인 윗하우스와 만나 특색을 가진 공간이 되었어. 브런치 메뉴를 주문하면 직접 제작한 도기에 담아서 내어준다고 해. 세라믹 작품을 감상할 수 있을 뿐 아니라 그것들을 사용해 식사를 할 수 있는 특별한 공간이야. 모든 샌드위치는 특별한 수제 소스와 매일 아침 소량씩 구워내는 치아바타, 바게트 빵을 이용한다고 해. 게다가 최상의 밀가루와 신선한 재료만을 사용하고, 천연발효종으로 장시간 발효하기 때문에 소화가 잘되고 속이 편안하지. 여기서 만족스러운 식사를 한 후에는 광안 종합시장 주변을 둘러보자. 익숙한 관광지 대신 처음 가보는 동네에서 로컬의 매력적인 골목과 장소를 발견하게 될 거야.

- 휴무 및 메뉴 관련 내용은 인스타그램 확인.
- 매장 바로 앞(10m)에 대형주차장인 신천주차장에 주차 가능하며(시간당 1,000원), 매장 바로 앞 도로에 기본 한 자리 무료 주차가 가능해.
- 도보로 이용 시 광안리 1번 출구 도보 5분 거리에 위치해 있어.
- 쇼룸에 전시되어 있는 도자기는 구매할 수도 있어.

📍 부산 수영구 수영로618번길 19 1층
🕐 매일 11:00~19:00
📷 poyceramics_withaus
🐾 반려동물 동반 가능

커피 향기와
사각사각 연필 소리

사랑은
연필로
쓰세요

📍 부산 부산진구 동천로
91-2 2층
🕐 매일 12:00~24:00
📷 pencil_drip_bar

빠르게 변하는 트렌드에 질려서 시간을 잠갔다는 이곳은
이름도 그렇고 공간이 주는 분위기에서도 아날로그
감성이 물씬 풍겨와. 여기는 한국 노래, 그것도 옛날
노래만 흐르는 카페야. 매장의 은은한 조명 아래서 옛날
노래를 듣고 있다 보면, 정말 시간이 멈춘 듯한 느낌이
들어. 이곳에서는 드립커피와 탄산수 거기에 조금의
과일 그리고 버터바와 푸딩, 약과 등의 디저트로 구성된
플레이트를 즐길 수 있어. 특히 '처음 느낌 그대로'
'보랏빛 향기'등 옛날 노래 제목들로 만들어진 커피
메뉴들이 독특하지. 주문서는 연필로 직접 원두와 온도
당도 등을 선택해 작성하면 되는데, 특이하게도 방문객의
이름을 적는 칸도 있어. 그리고 그 종이는 주문한 메뉴가
나올 때 함께 받을 수 있는데, 그곳엔 바리스타가 직접
적어준 짧은 메모도 있다고. 누군가가 나의 이름을
불러준다는 게 기분 좋아지는 일이잖아. 이곳에서는 아마
나도 모르게 미소 지으며, 연필로 별거 아닌 내용들을
끄적이게 될 거야.

플레이트의 구성은 비정기적으로 변동되니
인스타그램을 확인해줘.

50년의 역사를 자랑하는

보수동
책방골목 +
책방골목
사진관

책방골목
- 📍 부산 중구 대청로 67-1
- 🕐 1, 3주 화 휴무, 명절기간 휴무 상이, 2~3월은 신학기로 휴일 없음 / 서점마다 운영 시간 상이
- 🌐 www.bosubook.com

사진관
- 📍 부산 중구 대청로 65 1층
- 🕐 월~토 11:00~18:30 / 일 휴무
- 📷 holim_

1950년 헌 잡지와 만화 등으로 노점을 시작한 보문서점에서부터 이어진 보수동 책방골목이 여행 코스의 하이라이트야. 보수동 책방골목은 우리나라에서 가장 많은 서점이 밀집된 골목이라고 해. 세월이 느껴지는 이곳에서는 아주 오래된 책 혹은 초판이나 현재는 절판된 책들도 구할 수 있어. 서점마다 취급하는 품목이 다르지만, 참고서와 교과서부터 소설과 만화, 옛날 잡지, 외국 도서까지 다양한 장르의 책을 만날 수 있는 곳이야. 골목이라고 하니 노포만 있을 것 같지만, 생각보다 크고 깔끔한 서점들도 많아. 이곳에서 취향에 맞는 책과의 운명적 만남을 경험해보길 바라. 마치 보물찾기 같은 느낌이 들 거야.

책방골목에는 흑백사진 전문인 책방골목사진관도 있어. 사진사 혼자 운영하는 곳이라, 무조건 예약 후 방문해야 해. 책들이 빽빽하게 채워진 책장을 배경으로 사진 찍을 수 있는데, 가격이 저렴해서 부담 없이 들르기 좋아. 촬영 후 인화하기까지 시간이 30분 이상 소요되기 때문에, 사진 먼저 찍고 근처 책방을 구경하는 것도 추천해.

어떤 책을 얼만큼 사게 될지 모르니, 여유 있는 크기의 백팩을 매고 가자. 책방골목 홈페이지에서 미리 도서 목록을 확인하고, 그것을 소장한 서점의 위치와 연락처까지 메모한 뒤 방문하는 게 좋아. 미리 연락해서 도서 재고를 확인하는 것도 추천해.

기억하기 위해 기록하는

굿올데이즈
호텔

보수동 책방골목에서 도보로 15분 이내로 갈 수 있는 숙소를 소개할게. 부산에서 가장 부산다운 동네 남포동에서 '기록'을 이야기하는 호텔, 굿올데이즈야. 투숙객이 머무르는 모든 시간이 행복하고 의미 있길 바라는 마음으로 만들어진 곳이지. 이곳에서는 언젠가 그리워하게 될 오늘을 글로 남겨 추억할 수 있다고 해. 체크인을 하면 침대 위에 작은 봉투가 놓여 있는데, 그 안에 3년 이내의 미래에 편지를 보내는 '미래로 보내는 엽서'와 투숙객들이 남긴 다정한 방명록이 들어 있어. 이것 외에도 편지를 쓸 수 있는 각종 문구류가 준비되어 있어서 뭐든 기록하고 싶어지는 곳이야. 객실에는 LP를 들을 수 있는 턴테이블 스피커도 있다고. 오래된 것이 분명하지만 어딘가 익숙한 노래를 들으며, 차분히 글을 써 내려가 봐. 오늘을 기록하다 보면, 새로운 내일을 위한 에너지가 충전되는 기분이 들 거야. 호텔에서 카페도 운영하는데, 여행을 추억하기 위한 기념품이나 선물을 찾고 있다면, 이곳에서 엽서를 구매해도 좋을 거야.

📍 부산 중구
　 중앙대로41번길 5
🕐 체크인 15:00 /
　 체크아웃 11:00
📷 goodoldays_hotel

- 호텔 맞은편 안단테 오피스텔이나 호텔 건물 앞 도로에 주차할 수 있어.
- 호텔에 미리 요청하면 원하는 LP를 대여해주니 객실에서 감상해봐.

특별한 여행을 위한 다른 숙소를 원한다면

'바게트호텔'은 객실이 하나밖에 없는 프라이빗 호텔이야.
그림책 《바게트호텔》을 모티브로 만들어서 그런지 마치 동화 속에
들어온 느낌이 드는 곳이지.

색다른 경험을 하고 싶다면

'카멜앤오아시스'는
일러스트레이터와 디렉터가
운영하는 디자인 스튜디오이자
직접 디자인한 포스터를 판매하는
곳이야. 가격대가 저렴하여 부담
없이 고를 수 있을 거야.

평범하지 않은 맛집을 원한다면

'리추얼 오브 수월경화'에서는 바다와
해변열차를 바라보며 차를 마실 수
있어. 또 예약제로 계절별 티 코스도
진행한다고 해.

광안종합시장골목을 더 탐방하고
싶다면

'데이스위밍클럽'은 머물고 싶은
인테리어, 자유로운 분위기의
에스프레소 바야.

✳

에메랄드 빛 바다에서 색다른 경험

울릉도

한국인이라면 누구에게나 익숙한 섬이고,
이름만 들어도 익숙한 멜로디가 저절로 떠오르는 곳.
그렇지만 다른 여행지만큼 방문객이 붐비지는 않는 곳,
어디인지 알겠지? 이번 주말은 '국내에서 가장 아름다운
여행지'라 불리는 울릉도에서 채워보자. 에메랄드 빛
바다에서 수영도 하고, 캠핑장에서 독도 새우를 튀겨 먹기도
하는 거지. 그리곤 해안도로를 달려봐. 생각지도 못했던
전경에 감동받을지도 몰라.

초록과 파랑과 분홍으로
채워지는 추억

백패킹 장소로 인기가 많아진 울릉도.
울릉도의 아름다운 자연부터 입이 즐거운
맛집까지 소개할게.

自꾸 생각나는 싱그러움

나리분지
야영장식당

본격적인 여행 전, 식사부터 해야겠지. 이곳에서는 신선한 나물이 가득 들어 있는 산채나물비빔밥으로 든든하고 건강한 한 끼를 챙길 수 있어. 음식이 나오자마자 고소한 참기름 향이 후각을 자극하는데 황홀할 정도야. 처음엔 고추장을 넣지 않고 채소 본연의 맛과 참기름만으로 즐겨봐. 특히 함께 나오는 명이나물이 새콤달콤 맛있으니 꼭 곁들여 먹어보자. 또 산채전과 명이나물의 궁합이 일품이니 색다른 조합으로 즐겨봐. 밑반찬으로 나오는 나물들도 모두 맛있는데 전부 울릉도에서 채취한 것들이라고 해. 자극적이지 않으면서도 감칠맛을 느낄 수 있는 한상을 야외 평상에 앉아 먹을 수 있다는 게 특징이야. 푸짐한 양의 산채 정식은 든든하면서도 속은 편안하니 이보다 더 좋을 수 없어. 365일 단 하나의 음식만 먹으며 살아야 한다면, 이곳의 산채 정식을 고르겠다는 후기까지 있더라고. 울릉도에서 1박 이상 머물 거라면 꼭 첫째 날 들르기! 분명 또 오고 싶어질 테니까.

방문 진 휴무일을 확인하길 바라.

📍 경북 울릉군 북면 나리길 591
📞 010-3553-0270

존재 자체가 유일하고 특별한

나리분지

든든하고 건강에 좋은 아침 식사를 했으니 이제 본격적으로 여행을 시작해야겠지. 화산섬이기에 평지가 거의 없는 울릉도에서 유일하게 평지인 곳, 나리분지로 가보자. 해발고도 500m 전후의 산이 병풍처럼 둘러싼 분지라서 분명 섬인데도 산속에 들어온 기분이 들어. 사람의 손길이 느껴지지 않는 신비로운 세계에 온 듯한 느낌이 든다고 할까. 언제 가도 매력적인 곳이지. 다만 이곳에 갈 때는 주로 렌터카를 이용하게 되는데 가는 길이 험한 편이니 조심해서 운전하도록 하자. 나리분지는 트래킹 코스로도 인기가 많으니 체력이 허락한다면 깃대봉까지 다녀오길 추천해. 약 180분 정도 소요되는데 온통 초록인 공간에서 힐링할 수 있어. 그저 가만히 언제까지고 바라보고 싶어지는 풍경이라고. 깃대봉에서 갑작스러운 소나기가 내리거나 알봉치유정원 들판의 풀이 바람에 흩날리는 걸 보고 있노라면 그렇게 평온할 수가 없어. 중간중간 벤치가 있어 앉아서 쉴 수도 있으니 도심에서 경험할 수 없는 풍경을 눈에 담아봐.

- 주차는 나리분지경로회관 근처 공터에.
- 웬만하면 울릉도 여행은 운동화를 신는 걸 추천해. 평지가 거의 없어서인지 계단이 많고 길이 험하거든.

📍 경북 울릉군 북면 나리

**울릉도에서 가장
아름다운 뷰를 자랑하는 카페**

카페울라

📍 경북 울릉군 북면 추산길
88-13
🕙 매일 10:00~17:30 /
계절마다 운영 시간 상이
📷 official.ulla

실컷 걸었으니 이제 휴식할 차례야. 편히 앉아서 울릉도의 아름다운 풍광을 바라볼 수 있는 곳으로 향하자. 카페 울라는 추산에 위치해서 나리분지와 가까워. 알봉이나 깃대봉을 방문할 때 들르기 좋은 곳이지. 또 송곳산을 바로 바라보고 있어서 야외 뷰가 멋진 카페야. 마치 판타지 영화의 장면처럼 신비로운 모습을 자랑하지. 예쁜 정원은 물론이고, 웅장한 송곳산과 울릉도의 바다를 동시에 볼 수 있어서 인기가 많아. 매장 안은 협소한 편이니 주문 전에 먼저 자리를 확보하길 추천해. 음료가 준비되면 메시지를 받을 수 있으니 주문 후 카페 주변을 구경하도록 하자. 혹 단체 관광객이 방문했다면 매장에서 먼저 음료를 마시며 기다려도 좋아. 시그니처인 울릉도 국화 에이드가 특히 향긋하다고 하니 디저트와 함께 즐겨보는 게 어때? 날씨 좋은 날 방문하면 여유를 만끽할 수 있을 거야.

매일 보는 일몰도
색다르게 느껴지는

남서
일몰전망대

📍 경북 울릉군 서면 남서리
293
🕐 모노레일 운행시간
4~10월 10:00~19:30 /
11~3월 10:00~18:00 /
날씨나 일몰 상황에 따라
변동

이곳이 아마도 울릉도 여행에서 가장 기억에 남을 순간을
선사할 거야. 매일 해가 지고 뜨지만, 여행지에서 보는
일몰은 더욱 특별하고 마음을 말랑말랑하게 만드는
무언가가 있잖아. 남서일몰전망대에서 보는 일몰도
마찬가지일 거야. 이곳은 15분 정도 트래킹으로
올라가거나 20분 간격으로 운행하는 모노레일을
탑승해야 갈 수 있어. 계단과 오르막이 많고 경사가
가파르기 때문에 모노레일 탑승을 추천해. 모노레일에서
내린 뒤 숲길을 조금 걸어보자. 우뚝 솟아 있는 산과
바위, 절벽이 한눈에 담기는 전망대를 마주하게 될 거야.
유리로 되어 있는 전망대라서 밝은 시간에 가도 아름다운
뷰를 자랑하는 곳이지. 대등산의 해발고도 150m 지점에
위치한 이곳에서는 울릉도 3대 전망 중 하나인 깎아지르는
절벽과 해안을 볼 수 있어. 절벽 아래 해안선을 따라
굽이치는 남양해안도로와 바다가 그림처럼 아름답지.
정상 전망대 기준 해가 서쪽 산봉우리 뒤로 지기 때문에
떨어지는 해를 직접 볼 수는 없다. 그렇지만 하늘과 바다를
붉게 물드는 태양과 윤슬이 장관이라 넋을 잃고 말 거야.

일몰이 보고 싶으면 일몰 시작 시간보다
20~30분 일찍 도착해서 모노레일 탑승하는 걸 추천해.

로컬 주민들과 공무원
그리고 여행 가이드마저
반한 식당

이사부초밥

📍 경북 울릉군 울릉읍 도동길
153 이사부초밥
📞 0507-1330-4771
🕐 월~금 11:00~21:00 /
토 11:00~20:00,
브레이크 타임
14:30~17:00 / 일 휴무
📷 highest.soo

멋진 뷰로 눈을 즐겁게 했으니 이제 맛있는 식사로 하루를 마무리하러 가자. 도동항 언덕길을 오르다 보면 도착하는 이곳은 이사부초밥이야. 울릉도까지 가서 무슨 초밥이냐고 생각할 수 있지만 이곳은 꼭 들러야만 해! 현지인부터 여행객까지 모든 사람의 마음을 사로잡은 곳이거든. 초밥이 어딜 가나 다 비슷할 거라 생각했다면 편견이었다는 걸 깨닫게 될 거야. 이사부초밥에서는 합리적인 가격으로 정말 맛있는 초밥을 먹을 수 있어. 정말 신선하고 맛있는 초밥이라 가성비라는 표현이 부적절하다고 느껴지는 곳이지. 입에서 살살 녹는 회는 당연하고 고추냉이까지 맛있다고. 다만 매장이 아담한 편이라 방문 전 미리 예약하는 걸 추천해. 초밥은 당일 준비한 양을 당일 소진하기 때문에 워크인으로 방문했다가 품절될 수 있거든. 만약 방문 시 자리가 없다면 포장으로라도 먹어보길 바라. 혼밥 하기에도 좋고 포장해도 맛있다는 후기가 넘쳐나니 만족할 거야.

- 주차는 도동항 공영주차장에.
- 전화로만 예약을 받으니 꼭 예약해!
- 포장해서 도동소공원에서 먹어도 좋아.

배부르게 식사하고 싶다면

'울릉어민회식당'은 정갈한 반찬이 나오는 물회 맛집이야. 육수물회에 소면과 밥을 같이 먹는 조합이 일품이라고. 양도 푸짐해서 만족스러울 거야. 오징어 수확 철에 울릉도를 방문한다면 이곳을 추천해!

울릉도의 다른 카페를 가보고 싶다면

'카페1025'는 독도의 날인 10월 25일을 담은 이름의 카페야. 과하게 달지 않은 독도크림라테를 추천해.

여행을 더 알차게 채우고 싶다면

'태하향목관광모노레일'을 타보는 건 어때? 바람이 많이 부는 날은 운영이 어렵다고 하니 날씨 잘 보고 방문하기. 뒤에 타야 뻥 뚫린 바다를 보고, 산도 볼 수 있어. 내려서 산길도 걷고, 정상에 올라서 바다도 볼 수 있는 일몰 맛집이야.

울릉도 여행의 추억을 남기고 싶다면

소품숍 '울릉도소울'은 아기자기한 소품부터 엽서와 책갈피까지 다양하게 판매해서 여행 기념품 사기 딱 좋은 곳이야.

힐링
충전

#힐링 #여유로움 #한적함

하고 싶어

지치고 힘들 때

PLACE

여유를 찾아 떠나는 여행

강원도 고성

빠른 템포의 도시생활이 갑갑하게 느껴지는 주말, 가끔씩 현생에서 로그아웃하고 싶을 때가 있잖아. 나에게 여유를 선물해주고 싶다면 강원도 고성으로 떠나볼까? 고성은 강원도 동쪽 지역들과 다르게 놀 거리가 적은 편이지만, 자연에 둘러싸여 사색을 즐기기 오히려 좋을 거야.

이 글은 객원 에디터 클로이의 추천으로 만들어졌습니다.

현생에서 잠시
로그아웃할게요

앞에는 동해바다, 뒤에는 설산 뷰가 반겨주는
동네에서 유유자적 물아일체를 즐겨보자.

타임머신을 타고
과거로 떠나는 시간여행

왕곡마을

- 📍 강원특별자치도 고성군
  왕곡마을길 41
- 🕐 체험프로그램
  10:00~18:00
- 🌐 www.wanggok.kr
- 🏛 반려동물 실외 시설 동반
  가능

송지호 북쪽에 자리 잡은 왕곡마을은 강원도 북부 해안으로 떠나는 피서 여행에서 꼭 들러야 할 명소 중 하나야. 해변까지는 불과 1.5km밖에 안 되는데, 신기하게도 마을 안에서는 파도 소리가 전혀 들리지 않아. 마을을 둘러싼 다섯 봉우리가 천연의 방파제 역할을 하고 있기 때문이지. 이런 지형 덕분에 6.25 전쟁 때에도 폭격을 피할 수 있어, 지금까지 옛 모습 그대로 고택들이 보존될 수 있었어. 비록 하회마을이나 낙안읍성처럼 규모는 크지 않지만, 마을에 발을 들여놓는 순간 과거로 시간여행을 떠난 듯한 기분을 느낄 수 있을 거야. 마을 입구에는 150년도 넘은 노송 10여 그루가 그윽한 솔내음을 풍기며 여행객들을 맞이해. 기와집 32동, 초가집 9동에 총 50가구가 모여 사는 이 마을은 마치 박물관 같아. 추운 겨울이 긴 강원 북부 지방 특유의 가옥 구조를 고스란히 간직하고 있거든. 더욱 특별한 건, 이 마을이 효자를 기리는 '효자각'이 두 개나 있는 효심 가득한 고장이라는 거야. 시간을 되돌려 과거 속으로 숨어들고 싶은 날, 왕곡마을로 떠나보는 건 어떨까?

🍴

호로록,
건강하고 든든한 한 그릇

백촌막국수

강원도에 와서 막국수를 먹지 않는다면 섭섭하겠지? 고성에는 여러 막국수집이 있지만 그중에서도 가장 인기 있는 백촌막국수를 소개할게. 시골 정취가 물씬 풍기는 백촌리에 자리한 이곳은 고소한 들기름 막국수에 동치미 국물을 부어 먹는 독특한 스타일을 자랑해. 이곳만의 색다른 맛을 느낄 수 있지. 입맛에 따라 다대기 양념을 넣어서 비빔 막국수로 먹어도 별미라고. 또한 반찬으로 주는 백김치가 정말 맛있어서 국수랑 같이 먹으면 환상의 조합일 거야. 국수만으로 아쉽다면 부드러운 편육도 함께 주문하자. 국수 국물이 배어든 편육을 먹으면, 메밀 특유의 구수한 맛과 동치미의 시원함 그리고 편육의 부드러움이 어우러져 최고의 막국수 맛을 느낄 수 있을 거야. 특히 명태무침을 잊지 못해 또 찾는 단골손님들이 많다고 해. 맛있게 먹고 나면 근처 문암해변에서 여유로운 산책을 즐겨보자.

📍 강원 고성군 토성면
　　백촌1길 10
🕐 월, 목~일 10:00~17:00 /
　　화, 수 휴무
☎ 033-632-5422

◆

테이블링에서는 10시 30분 오픈이지만 오프라인에서는 8시 30분 오픈이니, 아침 일찍 현장 예약을 걸어두고 느긋하게 점심 먹기를 추천할게.

숙소 그 이상의 경험을
가져다주는

맹그로브
고성

📍 강원 고성군 토성면
교암길 20
🕐 체크인 15:00 /
체크아웃 11:00
🔗 mangrove.city/
locations/goseong

통창 너머로 일렁이는 파도를 바라보며 휴식과 여유를
즐길 수 있는 맹그로브 고성점을 소개할게. 투숙객이라면
24시간 자유롭게 이용할 수 있는 워크라운지는 어느
자리에 앉든지 시원한 바다가 눈앞에 펼쳐져. 공용
공간에서 낯선 사람들이 각자의 방식으로 무언가에
몰입하는 모습은 건강한 자극을 선물해주지. 여유를 찾아
떠난 사람에게 이곳을 추천하는 이유는, 조용히 책을
읽고 글을 쓰다가도 시원한 바다에 잠깐 발을 담가 보거나
해변가에 앉아 잡념을 잊은 채 명상을 하기 좋기 때문이야.
무엇보다 맹그로브 고성만의 특별한 매력은 바로
커뮤니티와 투숙객들이 더 행복한 시간을 보낼 수 있도록
세심하고 다정하게 챙겨주는 커뮤니티 매니저가 있다는
거야. 또 서로 일면식이 없더라도 태풍 이후 해안가로
떠밀려 온 쓰레기를 함께 플로깅하거나, 커피를 마시며
대화를 나누거나 식사에 동행하는 것이 어색하지 않아.
숙소는 부담 없는 가격의 도미토리룸부터 온전한 휴식을
즐기는 스위트룸까지 총 네 가지 타입이 있으니 취향껏
골라봐도 좋아. 어느 계절에든 찾고 싶을 만큼 행복한
공간이야.

아담한 독립서점

북끝서점

📍 강원 고성군 토성면 교암길
   78-1
🕐 화~토 11:00~16:00 /
   일, 월 휴무
📷 end.of.the.book

숙소 체크인 후에는 근처 귀여운 서점으로 잠시 놀러
가볼까? 북쪽 끝에 위치했다는 의미의 아담하고 단정한
북끝서점은 마치 토끼 굴에 빠진 앨리스처럼 새로운
세계로 빠져드는 느낌을 받게 돼. 무엇보다 책에 대한
애정과 친화력이 돋보이는 공간으로, 사장님의 독특한
취향과 생각이 반영된 인덱스가 인상 깊어. '이야기에 푹
빠지고 싶은 당신에게' '작게 걷기를 좋아하는 당신에게'
'어떻게 살아야 할까'와 같은 공감 가는 분류 덕분에 책을
고르는 재미가 배가되고 곳곳에 숨겨진 사장님의 손글씨
메모를 발견하는 재미도 쏠쏠해. 책을 구매한 후에는 자연
풍경이 한눈에 들어오는 창가 자리에 앉아 음료를 즐기며
여유로운 시간을 보내도 좋아. 단순히 책을 사는 공간이
아닌, 몰입과 환기를 경험할 수 있는 특별한 장소이기에
여유롭게 책을 읽으며 새로운 에너지와 용기를 얻어갈 수
있을 거야. 책 외에도 귀여운 연필 같은 문구류를 구경하는
소소한 재미가 행복을 더해줄지도.

아름다운 일몰이 반기는

화진포

📍 강원 고성군 거진읍 화포리
🔗 hwajinpo-lake.co.kr

'첩첩산중'이라는 말 들어봤지? 겹겹이 둘러싸인 산들 사이로 펼쳐지는 자연 경관의 아름다움을 표현한 말이야. 난 고성 화진포로 달려가는 차 안에서 이 말의 진정한 의미를 깨달았어. 금강산 자락에서 이어지는 산줄기로 둘러싸인 고성군은 차창 밖 어디를 바라봐도 첩첩산중의 절경을 선사하거든. 그중에서도 화진포는 고성군의 최북단에 자리한 숨은 보석 같은 호수야. 그 아름다운 모습에 반해 이승만 대통령도 별장을 짓고 자주 찾아왔다고 해. 화진포를 제대로 감상하려면 일몰 시간에 맞춰 방문하는 게 제일 좋아. 호수 위로 길게 뻗은 노을을 바라보고 있노라면 자연스레 마음이 겸허해지는 걸 느낄 수 있을 거야. 화진포를 100% 즐기고 싶다면? 지도 앱을 켜고 '금강삼사'를 검색해봐. 금강삼사 앞 주차장에 차를 세우고 응봉까지 이어지는 트레킹 코스를 따라 15분 정도 걸어보자. 응봉에 도착하면 오른쪽으로는 끝없이 펼쳐진 바다, 왼쪽으로는 비경 어린 화진포, 정면으로는 웅장한 금강산 줄기가 눈앞에 펼쳐질 거야.

든든하고 감칠맛 나는 한식이 먹고 싶다면

무쇠 철판 위에 다양한 해산물과 신선한 채소를
볶아먹는 철판요리점 '고식당'을 추천해.

백촌막국수 웨이팅이 너무 길다면

백촌막국수만큼 알려져 있진 않지만
맞은편에 있는 '교암막국수'도 아주 맛있다는
호평이 자자해. 취향에 따라 교암막국수가
더 맛있었다는 후기도 있으니 기다리는게
버겁다면 이곳을 가도 좋아.

백촌막국수를 먹고 나서 디저트가 당긴다면

백촌막국수 뒤편에 위치한 '카페백촌리'를
가보자. 재료에 진심인 사장님이 운영하는
카페로 커피는 물론 빙수가 예술이야.

고성의 정취를 잘 느낄 수 있는 숙소를
찾는다면

고성 왕곡마을 홈페이지에 접속하면 그 시절
대감집부터 초가집까지 여러 형태의 숙소를
예약해 머물 수도 있어. 행랑채는 비수기에 4만
원으로도 예약 가능하니 가성비도 좋은 편.

뜨끈한
노천온천 여행
강원도 양양

파란 바다가 반짝이는 모습을 볼 때마다 마치 누군가 고운
별가루를 뿌려둔 것 같다는 생각을 해. 그 눈부신 찰나를 눈에
담으며, 여행의 끝까지 이렇게 아름답고 행복한 순간들이
가득하기를 바라게 되지. 하루의 시작부터 끝까지, 잦고
꾸준한 행복을 느끼게 될 양양 여행 코스를 소개할게. 하늘과
바다와 나무 그리고 온전히 나를 위한 휴식에 집중해봐.
몸은 물론이고 마음의 피로까지 잊게 될 거야.

PLANNING

하루의 시작과 끝을
자연과 함께

녹음과 바다 그리고 까만 밤에 빛나는 별까지,
번잡했던 고민은 모두 잊고 아름다움으로
가득한 여행을 즐겨!

☕

햇살과 바다를 머금은 차 한잔

다래헌

푸른 동해가 끝없이 펼쳐진 절경 앞에 자리한 낙산사의
후문에는 건물 그 자체로 운치 있고 멋스러운 풍경을
자아내는 한옥 카페 다래헌이 있어. 이곳에서는 커피와
전통차는 물론이고 팔찌 등의 수공예품 거기다가
불교서적까지 만날 수 있지. 이곳이 많은 사람에게
사랑받는 이유 중에는 그림처럼 아름다운 풍경도 있지만
직접 만든 음료가 아주 맛있다는 점도 빼놓을 수 없어.
마치 한약처럼 진해서 꿀과 함께 마시는 쌍화차와
상큼하고 달콤한 홍시 스무디와 슬러시 그리고 은은하고
깔끔한 맛이 중독적인 호박식혜까지. 어른 입맛만
저격하는 건강한 맛을 예상했다면 오산이야. 누구나
좋아할 만한 맛이거든! 거기다 서비스로 내어주는 수제
한과도 방금 만든 것처럼 바삭한 게 자꾸자꾸 생각나는
맛이라고 해. 햇빛에 반짝이는 윤슬과 시원한 바닷바람,
마음까지 평온하게 만들어줄 파도 소리와 함께 차 마시는
시간을 만끽해봐. 아침 일찍 시작한 여행에 피곤했더라도
'이 순간을 위해 내가 그동안 견뎌왔구나' 하며 충만한
기쁨을 느낄 수 있을 거야.

📍 강원 양양군 강현면
　낙산사로 100
🕐 매일 08:30~17:20,
　라스트 오더 17:00
📷 darae_hun

✦

• 낙산사 후문으로 들어오면 의상기념관 맞은편에 위치하고 있어.
• 바다가 보이는 야외 테이블을 추천해.

방전된 마음에
보조배터리가 되어줄

낙산사

이제 좋은 기운을 얻으러, 산과 바다가 조화를 이루는 천년고찰 낙산사로 떠나보자. 화재와 전쟁의 상처를 견뎌내고 다시 우뚝 선 사찰을 떠올리면, 괜스레 울컥하기도 하고 기특하기도 해. 마치 나도 어떤 어려움이든 버텨낼 수 있을 거란 긍정적인 기분까지 느끼게 되지. 아마 많은 사람이 양양에 갈 때마다 낙산사를 찾는 이유이지 않을까? 우리가 일상을 보내는 도시의 향기를 색깔로 표현하자면 회색이 떠오르잖아. 고즈넉한 낙산사의 울창한 소나무 숲길에서는 초록, 파랑 등 싱그러운 색깔이 떠오르는 상쾌한 솔 내음을 맡으며 거닐 수 있어. 경사가 완만하니 충분히 산책하면서 자연의 소리에 집중하길 바라! 그리곤 절벽 위에 우뚝 선 홍련암에 올라 끝없이 펼쳐진 수평선을 바라보는 거야. 머릿속을 채웠던 고민이나 스트레스를 탁 트인 바다 너머로 훌훌 날려보내자. 내 안의 모든 부정적인 것들이 멀리, 돌아오지 못할 곳으로 사라지길 바라면서 시야를 넓혀봐. 일상으로 돌아간 후에도 힘낼 수 있는 원동력이 되어줄 거야.

📍 강원 양양군 강현면
낙산사로 100
🕐 매일 06:00~17:30 /
퇴장 18:30
📞 www.naksansa.or.kr

- 입장료는 무료이나 주차비가 있어. 정문 대형주차장에는 버스와 승용차 주차가 가능하고 후문 의상대주차장은 승용차만 주차가 가능해.
- 곳곳에 무료 차와 커피를 제공하고 있어.
- 6시 30분까지는 무조건 퇴장해야 하는 것 잊지 마!

기운 충전엔 든든한 식사가 필수!

놀자대게

지친 마음을 아름다운 풍경으로 치유했다면, 이제는 맛있는 음식으로 몸의 기운까지 충전해야겠지? 오랜 시간이 흐른 뒤에도 가장 선명하게 기억나는 건 바로 여행에서 먹었던 음식이니까 말이야. '맛의 신세계'라 불리는 대게 요리 전문점을 소개할게. 이곳은 신선한 해산물과 푸짐한 양으로 인기가 많은, 양양의 놀자 대게야. 대게의 탱글탱글하고 꽉 찬 살점으로 입안을 가득 채워봐. 진한 풍미와 고소한 맛에 마음까지 배부를 거야. 알찬 조합으로 식사를 하고 싶다면, 시그니처 메뉴인 커플대게세트를 추천해. 노릇노릇 구워 껍질을 벗긴 왕새우부터 찰진 제철 막회, 알싸한 게장 볶음밥 그리고 바삭한 튀김까지! 야무지게 구성되어 있어. 게다가 매콤 달콤한 양념의 닭강정도 함께 나오니, 일행 중에 해산물을 선호하지 않는 사람이 있다고 해도 같이 방문할 수 있는 곳이지. 바다를 바라보며 싱싱한 대게를 아낌없이 즐길 수 있다니! 상상만 해도 행복하지 않아? 하나부터 열까지 정성이 듬뿍 담긴, 정갈한 식사를 끝냈다면 양양에 오길 잘했다는 생각이 들 거야.

📍 강원 양양군 양양읍 남문1길 18 놀자대게

🕐 목~화 홀 12:30~21:30, 브레이크 타임 16:00~17:00, 라스트 오더 20:00 / 포장 배달 12:00~21:00, 라스트 오더 20:10 / 금~토 홀 12:30~22:00, 브레이크 타임 16:00~17:00, 라스트 오더 20:30 / 포장 배달 12:00~22:00, 라스트 오더 21:10 / 일 휴무

📷 noljacrab

- 매장 앞 양양전통시장 공영주차장 주차 시 1시간 무료 주차권을 제공해줘.
- 네이버 예약은 이용일 일주일 전 오픈되고 네이버 예약을 통해 예약할 경우 추가 서비스를 제공해줘.

**잠깐 유럽의
시골 마을로 순간 이동!**

욜스테이샵

📍 강원 양양군 손양면
선사유적로 207-2
🕐 목~월 11:00~16:00 /
화, 수 휴무
📷 yolstayshop
🐾 반려동물 동반 가능

이국적인 건축물과 로맨틱한 분위기 덕분에 구경하는
재미가 있는 욜스테이샵은 쇼핑 그 이상의 특별한 경험을
만들 수 있는 곳이야. 도착하자마자 카메라를 손에서
내려놓기 힘들지도 몰라. 분명 강원도 양양으로 여행
왔는데 남프랑스의 와이너리에 도착한 기분이 드는
곳이거든. 빈티지 컵과 접시, 커트러리뿐만 아니라 의류,
가방, 핸드폰 케이스, 수제 액세서리 외에도 예쁘고 흔치
않은 소품들이 정말 많아. 게다가 직접 키운 포도와 사과로
만든 프랑스의 내추럴 주스와 호주의 내추럴 와인도
판매해. 왜 유럽의 와이너리 분위기라고 표현했는지
알겠지? 기념품이나 특별한 날을 위한 선물을 사고
싶다면, 아마 이곳에서 살 수 있을 거야. 방문 시 자리가
있다면 구매한 식음료를 먹고 갈 수도 있어. 욜스테이샵은
스페인을 콘셉트로 건축한 펜션도 함께 운영하고 있는데
한적하고 고운 모래사장이 있는 양양 동호해변에 위치해
있어.

• 온라인 쇼핑몰도 운영하고 있으니 살펴봐도 좋아.
(smartstore.naver.com/yolstayshop).
• 욜스테이샵에서 운영하는 숙소에서 묵고 싶다면 홈페이지를
확인해봐(www.yolstay.com).

스스로를 위한 호강이 필요해

설해원

📍 강원 양양군 손양면 230
온천사우나
🕐 매일 06:30~22:00 /
  입장 마감 21:30
노천스파
🕐 매일 10:00~ 18:00
온천수영장
🕐 매일 10:00~18:00 /
  성수기 10:00~21:00
🌐 www.seolhaeone.com

양양 여행의 하이라이트! 국내 최초로 온천수를 야외
수영장에 공급하는 파격적인 시도를 한 이곳은 바로
설해원이야. 이곳의 가장 큰 매력은 특별한 천연 온천수!
설해원에서 이용하는 약알칼리성 온천수는 땅속 깊은
곳에서 용출되는데 미네랄이 아주 풍부하다고 해.
게다가 한 번 사용한 물은 재사용하지 않아서 쾌적하게
이용할 수 있어. 물 외에도 자연경관이 압도적이어서
사계절 내내 찾는 사람이 많아. 게다가 사우나 시설,
골프장, 클라리스파, 면역 공방 등 웰니스를 위한 모든
것이 가능해. 분홍빛으로 물드는 노을, 눈이 펑펑 내리고
입김이 하얗게 나오는 겨울에 온천욕 하는 것을 상상해봐.
아마 미소가 지어질 거야. 설해원은 숙박객이 아니어도
온천 수영장과 사우나, 노천탕을 이용할 수 있는 패키지를
판매하고 있어. 추후 또 다른 여행 코스를 계획한대도
참고하길 바라.

반짝이는 별을 보며 노천 스파를 즐길 수 있어.

또 다른 경험이 하고 싶다면

당일 신청으로 원데이 클래스를 진행하는 '마음이 동해'에 가보는
거 어때? 마크라메부터 드림캐처, 모루인형 등을 만드는 다양한
체험을 할 수 있어.

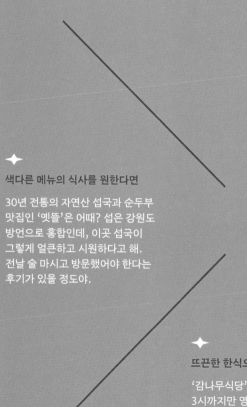

**사랑스러운 나의 반려동물과
함께 온천욕을 하고 싶다면**

애견 노천탕이 있는
'복골온천'으로 가볼까?
객실도 깨끗하고, 넓은 잔디가
있어 소중한 동물 친구가
뛰어놀기에 좋을 거야. 근처에
'버들들카페'도 같이 방문해보자.
음료가 맛있고, 사장님도 친절한
데다가 강아지 친구들도 있거든.

색다른 메뉴의 식사를 원한다면

30년 전통의 자연산 섭국과 순두부
맛집인 '옛뜰'은 어때? 섭은 강원도
방언으로 홍합인데, 이곳 섭국이
그렇게 얼큰하고 시원하다고 해.
전날 술 마시고 방문했어야 한다는
후기가 있을 정도야.

뜨끈한 한식으로 아침식사를 하고 싶다면

'감나무식당'으로 가보자. 오전 7시부터 오후
3시까지만 영업을 해서 일찍 방문하기에 딱 좋아.
게다가 이곳 황태국밥은 아주 진하고 고소해서
부모님 모시고 가기에도 좋아.

특별한 디저트를 먹고 싶다면

1933년부터 4대째 낙산배농원에서 운영하고 있는 젤라또 맛집,
'배배젤라또'를 추천할게. 물과 인공 향료 없이 양양의 특산품인 낙산
배로만 만든 젤라또라고 해.

한적하고 고즈넉한
시골 여행

경북 영천

바쁜 일상을 잠시 내려놓고 싶다면, 유유히 흐르는 강물과
고요한 사찰이 있는 곳으로 떠나보자. 벚꽃 명소로 유명한
영천에는 봄이 아니어도 가기 좋은, 숨은 보석 같은 장소들이
많아. 한적한 곳을 여행하며, 잃어버렸던 삶의 여유를 되찾게
하는 매력이 있지. 아름다운 자연을 눈에 담으며 걷고,
상쾌한 공기를 마셔보자. 어느새 근심은 사라지고
편안해진 마음을 느낄 수 있을 거야.

주어진 의무에서
벗어나는 시간

느리게 갈 때만 비로소 눈에 보이는 풍경이 있어.
영천에서는 스쳐가는 것들에 집중해보자.
생각지도 못했던 아름다움을
발견하게 될지도 몰라.

느리게 갈수록 더 좋은

임고서원

들어서는 순간, 500년을 견뎌낸 웅장한 은행나무가 고개를 숙여 맞이하는 이곳은 임고서원이야. 서원 곳곳에 자리한 고풍스러운 건물들 사이로 탁 트인 풍경이 시선을 사로잡지. 시야를 가득 채우는 산과 들, 하늘은 한 폭의 그림 같기도 해. 걸음을 옮기면서도 언제까지고 서서 바라보고 싶을지도 몰라. 무언가 늘 계획하며 지내왔다면, 그저 생각을 비우고 오래된 건물들 사이로 난 오솔길을 걸어봐. 또 조금 높더라도 조옹대에 올라가는 걸 잊지 마. 올라섰을 때 아래로 임고서원의 전경이 한눈에 펼쳐지는데, 정말이지 숨이 멎을 정도로 아름답거든. 단아한 기와지붕과 목조 건물이 조화롭게 어우러져 한국적 아름다움을 자아내지. 봄날의 연둣빛 새싹, 여름의 짙푸른 녹음, 가을 단풍의 붉은 물결, 겨울 설경의 고요함까지. 계절마다 새로운 풍경을 선사하는 임고서원을 천천히 걷고 눈에 담으며 마음에 새겨봐.

📍 경북 영천시 포은로 447
🕐 매일 10:00~17:00
🌐 www.yc.go.kr/toursub/
imgo

• 혹시 차가 없다면 관광택시를 이용해봐.
• 근처 포은유물관 관람도 추천해!

100년의 보물이 있는 곳

임고
초등학교

이 학교에는 100년 동안 간직해온 특별한 보물이 있어. 바로 오랜 세월 동안 학생들과 주민들이 정성껏 가꿔온 학교 숲이야. 그래서인지 커다란 카메라를 들고 이곳을 방문하는 사람들이 많은데 특히 가을이 아름답다고 해. 햇살에 반짝이는 노란 은행잎, 울긋불긋 단풍 든 플라타너스와 느티나무는 숨이 멎을 정도라고. 오래 자리를 지킨 나무들은 얼마나 웅장한지, 나무 한 그루가 만든 그늘이 전교생을 모두 품을 수도 있을 것 같아. 거대한 나무들을 바라보고 있자니 마치 나무가 직접 학교의 역사를 들려주는 듯한 기분이 들기도 해. 한 세기 동안 그 자리를 굳건하게 지켜왔다는 사실에 괜히 뿌듯하기도 하지. 나를 흔드는 고민과 복잡한 생각에 마음이 어지럽더라도, 이 나무처럼 견뎌내자고 다짐을 해보는 거야. 아주 오래 시간이 흐른 뒤에 다시 이곳에 방문해도 변함없는 모습으로 나를 반겨주지 않을까 하는 기대감과 그렇게 계속 자리를 지키며 존재해주길 바라는 마음으로 오랜 시간 멈춰 서 있게 될 거야.

📍 경북 영천시 임고면 포은로
491-2
🔗 school.gyo6.net/imgoes

빨간지붕

📍 경북 영천시 강남길 14-1
🕐 화~토 11:40~19:30,
브레이크 타임
15:00~16:00 /
일, 월 휴무

이름부터 독특한 '냄비돈가스'로 유명한 이곳은 영천 여행 중이라면 꼭 들러야 할 맛집, 빨간지붕이야. 30년 넘게 현지 주민들에게 꾸준히 사랑받은 맛집으로, 영천 사람들 추억 속에 자리 잡은 곳이지. 바삭한 돈가스를 따끈하고 얼큰한 국물에 담아내는데, 이곳의 시그니처 메뉴라고 할 수 있어. 한입 베어물면 입안 가득 퍼지는 돈가스의 육즙과 칼칼한 국물의 조화가 아주 중독되는 맛이야. 게다가 넉넉한 인심이 더해진 푸짐한 양 때문에 가성비까지 좋아서 한 그릇이면 든든하게 배를 채울 수 있지. 냄비 가득한 국물을 자작하게 비워나가는 재미가 있을 거야. 왜 오랜 세월 동안 사랑받는지 알겠지? 영천에 올 때마다 꼭 이곳을 들린다는 재방문객들의 후기가 많은 이유도 이 때문이야. 냄비돈가스 외에도 매콤한 땡초 스파게티, 구수한 돌솥알밥 등 정성 가득한 메뉴들이 많으니 함께 곁들여도 좋아. 자꾸만 손이 가는 맛있는 돈가스가 여행의 즐거움을 더해줄 거야.

회전율이 빠른 편이니 웨이팅이 있어도 금방 들어갈 수 있어.

온전한 여유를 느낄 수 있는

카페온당

📍 경북 영천시 임고면 포은로 452 카페온당

🕐 월~금 11:30~18:00 / 토, 일 10:00~19:00

📷 cafe_ondang

고풍스러운 서원의 모습을 그대로 간직한 이곳은 임고서원 앞에 위치한 카페온당이야. 초록빛 대문을 열고 들어서는 순간, 바깥의 세상과는 멀리 떨어진 다른 세계에 왔다는 느낌을 주는 곳이지. 혼자만의 조용한 시간이 필요했다면, 넓은 창가 자리에 앉아 눈앞에 펼쳐진 아름다운 서원의 풍경을 느긋하게 감상해도 좋아. 입장 인원이 4인으로 제한되어 있어 늘 정갈하고, 고요한 공간이거든. 여유로운 시간을 위해 바삭한 크루아상이나 담백한 스콘을 달콤하고 향긋한 크림 라테와 함께 곁들여 보는 거야. 입안 가득 퍼지는 부드러운 맛에 절로 감탄이 나올걸? 더운 여름엔 온당의 천도복숭아 아이스크림으로 더위를 날려봐. 상큼하고 새콤달콤한 맛에 무더위도 잊게 될 거야. 카페 안에는 '서당'이라는 작은 책방이 숨어 있어. 책들 사이를 거닐며 종이 향기를 맡고, 마음에 드는 한 권을 골라봐. '내 마음 알아주는 인생 책'이라는 이곳의 큐레이션처럼 주인장이 정성껏 고른 책들 중에서 인생 책을 만날 수 있을지도 몰라. 옛 서책을 연상케 하는 포장에 담긴 책을 들고 카페에 앉아 여유로운 시간을 보내는 건 어때?

영감을 충전하는 시간

별별
미술마을 +
시안미술관

별별미술마을
📍 경북 영천시 화산면
가상리 678-2
시안미술관
📍 경북 영천시 화산면
가래실로 364(시안미술관)
🕐 화~일 10:30~17:30 /
월 휴무
🔗 cianmuseum.org
📷 cianmuseum

오래된 학교와 현대미술이 어우러진 이곳은 폐교를
리노베이션해 탄생한 시안미술관이야. 넓은 잔디 정원을
거닐며 현대미술 작품을 감상할 수 있지.
1, 2, 3층의 전시실은 각기 다른 느낌이라 새로워. 특히
2층은 미술관 전체를 볼 수 있는 테라스와 카페형 예술
공간으로 구성되어 있어. 주말에는 온 가족이 함께
즐길 수 있는 도자기 빚기나 그림 그리기 같은 체험
프로그램도 운영된다고 해. 시안미술관 옆의 작은 마을,
별별미술마을은 동네 여기저기 설치되어 있는 다양한
공공미술 작품이 방문객을 반기는 곳이야. 버스 정류장,
폐가, 허름한 담벼락까지도 하나의 예술 작품으로
재탄생했고, 골목길마다 달리 그려진 그림들이 재밌고
독특해. 마을 주민들이 직접 참여해 만든 작품들에선
그들의 삶과 마을을 아끼는 마음까지 느낄 수 있어. 복잡한
도시를 벗어나 도착한 한적한 마을에서 예술을 만나는
경험이라니, 새로운 영감이 떠오를 것 같지 않아?

홈페이지에서 진행 중인 미술관 프로그램을
확인할 수 있고 예약을 할 수도 있어. 미리 전시 리스트를
살펴보고 방문해보자.

자연을 조금 더 느끼고 싶다면

'은해사'에서 걷기와 명상으로 재충전하는
템플스테이를 하는 것도 좋은 경험일 거야.
또 '임고강변공원'에서 멋진 절벽과 인공
폭포를 감상하거나 캠핑하는 것을 추천해.

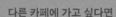

다른 카페에 가고 싶다면

개성 있는 음료와 디저트를 직접 개발하는
카페, '마지커피'를 추천해. 24시간 숙성한
프렌치토스트가 추천 메뉴!

자연을 생각하는 카페를 찾는다면

'더렁즈커피'는 비건과 제로 웨이스트를
지향하는 곳이야. 완두 우유나 귀리 우유로
만든 라테, 쌀가루로 빚은 쿠키 등을 판매해.

돈가스가 아닌 다른 식사를 하고 싶다면

한우 육회비빔밥이 맛있는 '화평대군식당'을
추천해. 육회비빔밥을 주문하면 얼큰한
된장찌개를 같이 줘.

고즈넉한 분위기 속
힐링 산책 코스

서울 서촌

도심에서도 고즈넉함을 찾을 수 있을까?
어딜 가도 복잡할 것 같은 서울 시내에도 보물처럼 숨겨져
있는 곳들이 있어. 자연 깊숙한 곳으로 들어가 거닐어보는
한적한 공간들부터 편안하고 따뜻한 식사까지,
바쁘더라도 꼭 챙겨야 할 일상의 쉼표 같은 시간을 선물할게.

북악산과 인왕산 사이,
사색하는 시간

고층 건물이 즐비한 서울 시내에서
몇 발자국 더 들어가면 만나게 되는 소박하고
평화로운 코스야.

**사계절 내내
그림 같은 풍경이 맞이하는**

더숲
초소책방

오전 시간을 여유로우면서도 알차게 보내고 싶다면, 더숲 초소책방을 추천할게. 이곳은 인왕산 중턱에 위치한 공간으로, 원래는 청와대 방호 목적으로 건축되어 50년 넘게 경찰 초소로 사용되던 건물이었다고 해. 이후 리모델링되어 시민들이 자유롭게 이용할 수 있는 북카페로 재탄생했지. 주로 환경을 주제로 한 다양한 도서들이 많은 책방이야. 창밖으로는 울창한 숲과 서울의 스카이라인이 파노라마처럼 펼쳐지고, 환하게 트인 유리창을 통해 사계절 내내 아름다운 풍경을 감상할 수 있어. 밤에 간다면 멋진 서울 야경과 불 켜진 남산서울타워를 볼 수 있을 거야. 책을 읽다 야외 테라스에 나가 상쾌한 공기를 마시는 것도 좋아. 녹음이 우거진 숲속에서 새소리와 함께 책장을 넘기는 소리가 어우러지는 이곳에서 특별한 힐링을 즐겨봐. 접근성은 다소 떨어지지만 그래서 더 조용하고 한적해. 맛있는 베이커리와 음료도 있으니, 일찍 방문해 책을 읽으며 여유로운 아침을 즐겨보면 어떨까?

📍 서울 종로구 인왕산로 172
🕐 매일 8:00~22:00,
　　라스트오더 21:30
🔗 deosup.com/42

초소책방에서 인왕산 호랑이 조형물 쪽으로 조금만 걸어가면 무무대 전망대가 나오는데, 여기서 보는 서울 도심 전망이 정말 예뻐.

소박한 홈메이드
이탈리아 음식이 있는

꼰떼

📍 서울 종로구 창의문로5길
6-1 1층
🕐 수~일 11:30~21:00,
브레이크 타임
14:30~17:30,
라스트 오더 19:30 /
월, 화 휴무
📷 trattoria_conte
🐾 반려동물 동반 가능

부암동 언덕에 있는 꼰떼는 '당신과 함께'라는 뜻을 가진 이탈리안 레스토랑이야. 세련된 양식집 분위기보단 현지의 정취를 느낄 수 있는 편안하고 아늑한 가정집 분위기에 가까워 누군가 '부암동에 있는 이태리 친정'이라고 표현하기도 했어. 귀엽고 얌전한 강아지가 반겨주는 이곳은 한적한 시골 마을의 식당에 온 듯한 편안한 느낌을 줘. 소중한 사람들과 함께 식사하기 더할 나위 없이 좋은 공간이지. 주인장 부부가 이탈리아 현지에서 직접 경험하고 배운 레시피를 바탕으로 요리한 소박하고 따뜻한 한 끼를 먹을 수 있어. 토마토소스를 곁들인 가지 요리, 쫄깃한 식감의 고소한 버섯 리조또, 깊은 맛의 라자냐까지 다양한 이탈리안 가정식 메뉴들이 있어. 레스토랑 꼰떼 외에도 걸어서 5분 거리에 알리멘따리꼰떼, 보떼가꼰떼라는 곳이 있는데, 모두 세 자매가 하는 곳이라는 게 독특하고 재밌는 점이야. 첫째는 이태리 식료품 가게인 알리멘따리꼰떼를, 둘째는 이태리 와인과 리빙소품점인 보떼가꼰떼를, 막내는 레스토랑 꼰떼를 운영하고 있어. 식사 후 나머지 두 곳도 구경하면 이탈리아 시골 마을로 잠시 여행 온 듯한 기분이 들 거야. 도심에서 누리는 한적한 여행 어때?

인기가 많아 예약이 필수고 전화로만 예약이 가능해.

自연속을 거니는 문학 기행

청운문학
도서관

📍 서울 종로구
자하문로36길 40

🕐 화~금 09:00~21:00 /
토, 일 09:00~19:00 /
월 휴무

🌐 blog.naver.com/jn_jfac

인왕산 자락에 위치한 청운문학도서관은 도서관을 넘어선 휴식과 사색의 공간이야. 최초의 한옥 공공도서관인 이곳은 한옥의 아름다움과 자연이 어우러져 고즈넉하게 문학 기행하기 딱이지. 과거 서촌 일대에 문인과 예술가들이 많이 거주했던 만큼, 청운문학도서관뿐만 아니라 인근에 윤동주문학관, 시인의 언덕 등이 자리하고 있거든. 한옥열람실에서는 좌식 의자에 앉아 창 너머로 펼쳐지는 아담한 뒷마당 정원도 감상할 수 있어. 여러 개의 방으로 나뉘어 있어 독서에 집중하기도 좋지. 가끔 국내 문학 작품 기획전시나 강연, 창작 교실도 진행된다고 하니 자세한 사항은 블로그를 참고해줘. 지하층은 현대식 건물로, 일반 열람실과 어린이 열람실이 있으니 공부하거나 아이를 데려오기에도 좋아. 이곳에는 유명한 포토존이 하나 있는데, 바로 인공폭포 뷰가 있는 정자야. 네모난 창호 너머로 폭포가 시원하게 쏟아져 마치 한 폭의 그림을 보는 듯해. 사진도 찍고, 폭포 소리를 들으며 독서를 즐기면 초야에 묻힌 옛 선비가 된 느낌이 들 거야. '자연을 벗 삼아'라는 시의 구절이 생각나는 이곳에서 잠시 쉬어가자.

인왕산둘레길 코스를 걸으면 청운문학도서관 외에도 석파정, 창의문 등 문화 유적과 수성동 계곡을 만날 수 있어.

나를 감싸는
고요함 속 작은 파동

리추얼
마인드

조용하고 평화로운 동네, 서촌에 위치한 한옥 공간인
리추얼마인드는 다양한 프로그램으로 휴식과 치유의
시간을 선사해. 이곳에서는 '사운드 배스'라는 독특한
체험을 제공하는데, 쉽게 말해 '소리 목욕 테라피'라고
해석할 수 있어. 사람의 몸은 대부분 수분으로 이루어져
있어 소리에서 나오는 진동과 파장에 생각보다 더 많은
영향을 받는다고 해. 소리와 파동을 통해 몸과 마음을
이완시키고 스트레스를 해소하는 명상 프로그램인
셈이지. 숙련된 사운드 테라피스트들이 싱잉볼 등
다양한 악기들을 사용하여 프로그램을 이끌어줘. 전통
찻자리에서 연꽃차와 다식을 즐기며 심신을 안정시키고,
편안하게 누워 몸의 균형을 맞추어주는 악기들의 파동을
체험하는 등 여러 가지 단계로 구성된 프로그램이야.
처음에는 생소해도 어느 순간 차분한 명상의 세계로
빠져들 테니 걱정하지 않아도 돼. 그룹 체험은 최대
4인까지 가능하고, 맞춤형 테라피를 받으며 명상에
집중하고 싶다면 프라이빗 사운드 배스 프로그램도
있으니 참고해줘. 오랜만에 나에게 완전한 쉼을
선물해보는 건 어떨까?

📍 서울 종로구 필운대로3길
   11-9
🕐 금~일 10:00~17:00 /
   월~목 휴무
🌐 www.ritualmind.com

자연에 묻힌 석상들의 세상

목인박물관
목석원

예술과 자연이 공존하는 이곳은 부암동에 위치한 3,000여
평 규모의 목인박물관이야. 목석원은 사람과 동물의 모습을
나무와 돌에 조각한 문화유산들이 전시되어 있는 곳을
말해. 입장할 때 그림 지도를 하나 주는데, 참고해서 찬찬히
둘러보자. 여섯 개의 실내 전시장에는 세계 각국의 목인이
전시되어 있어. 조선 시대부터 근현대사에 이르기까지
각종 민속 목조각상들이 있어 하나씩 자세히 구경해보면
흥미로울 거야. 실외 전시장에는 석인, 즉 돌 조각상들이
있는데 묘하게 돌하르방이 연상되는 모습들이 재밌어.
평소에는 접하기 어려운 작품들인 만큼, 설명이 잘 되어
있어 탐구하는 재미도 있지. 당시의 시대 및 생활상을
고증하는 작품들이어서 역사를 좋아한다면 더욱더
재미있을 거야. 곳곳에 있는 QR코드를 스캔해 자세한
설명과 배경을 읽어봐도 좋아. 이곳은 위로 올라갈수록
시야가 트이면서 더 멋진 뷰를 만날 수 있는데, 북한산
전경이 특히 멋있어. 중간중간에 쉴 수 있는 공간도 잘
조성되어 있으니 산책하듯 걸으며 색다른 휴식을 즐겨봐.

📍 서울 종로구 창의문로5길
　46-1
🕐 화~일 10:30~18:00 /
　월 휴무
📷 mokinmuseum

통창으로 성곽길이 보이는 세미나룸이 포토존이야.

건강한 비건 음식을 먹고 싶다면

'큔'은 제철 요리와 발효 음식으로 건강한 한 끼를 할 수
있는 곳이야. 정갈하고 알찬 플레이트로 많은 사랑을 받고
있는 비건 식당이지. 메뉴에 사용된 식재료 중 일부는
매장에서 직접 구매도 가능하다고 해.

**저녁 이후에도 머무를 좋은
분위기의 공간을 찾는다면**

'참제철'은 한국의 제철
재료들과 과일, 전통 술을
이용해 만든 칵테일을
주력으로 하는 바야. 메뉴마다
이름이 독특한 만큼, 들어간
재료들의 조합도 특이해서
어디에서도 맛볼 수 없는
특별한 한 잔을 만날 수 있어.

달달한 디저트가 당긴다면

'시노라' 서촌점은 세계 각지에서
영감을 받아 만들었다는 작고
분위기 있는 카페야. 서촌
끝자락에 있지만, 이곳의
프렌치토스트는 한 번 맛보면 잊을
수 없어 계속 방문하게 된다고.

잠시 앉아 멋진 사진을 구경하고 싶다면

따뜻한 햇살이 비추는 '이라선'에는 시대를 막론한
멋진 사진집들이 모여 있어. 대부분 포장되어
있지 않아 그 자리에서 읽어볼 수 있으니, 편하게
머무르며 영감을 채워보는 건 어때?

자연과 함께 먹고 자고 휴식하는

전남 순천

매일 똑같은 일상, 회색 건물이 가득한 도시에 지겨움을
느낀 적이 있어? 그렇다면 자연이 주는 평화로움을 느끼면서
맛있는 먹거리로 기분 전환까지 할 수 있는 여행지로
떠나보자. 핸드폰은 주머니에 넣어두고 오직 자연의 소리에만
집중해봐. 천천히 풍경을 눈에 담으며 걷다가 배가 고파지면,
건강한 식재료로 만들어진 식사로 든든하게 속을 채우는
거야. 아마 마음까지 충전될지도 몰라.

PLANNING

마음에 불쑥 감기가
찾아온다면

몸 건강만큼 중요한 것이 바로 마음 건강이지.
자극적이지 않은 식사와 순천의 싱그러운 자연을
경험하면 몸도 마음도 건강해질거야.

달콤 쌉싸름한
향기로 시작하는 하루

순천전통
야생차
체험관

📍 전남 순천시 승주읍
　 선암사길 450-1
🕐 화~일 9:00~18:00 /
　 월 휴무
📞 www.suncheon.go.kr/
　 sctea
☎ 061-749-4500

천년고찰 선암사로 향하는 길목에 자리 잡은 이곳에서는
녹음이 우거진 숲속에서 고즈넉한 한옥의 정취를
느낄 수 있어. 자연과 전통이 조화를 이루는 곳. 바로
순천전통야생차체험관이야. 처마 끝에 달린 풍경은 바람에
흔들리고, 어딜 봐도 온통 초록인 공간에는 새소리와
물이 흐르는 소리가 가득해 마음을 차분하고 평온하게
만들어주지. 이곳에서는 차 마시는 예절과 차를 타는
방법을 배우는 다례 체험을 할 수 있어. 30~40분 동안
아름다운 한옥의 마루에 앉아, 우아한 다기에 담긴 전통
차를 음미하는 거야. 따끈한 차 한 모금과 싱그러운 차
밭 풍경, 향긋한 차의 향기까지 삼합으로 함께 즐겨봐.
다례뿐만 아니라 전통 다식과 차를 만드는 체험도 할 수
있어. 먼저 다식 체험은 쌀, 밤 등의 곡물을 가루 내어
꿀 또는 조청에 반죽한 뒤 우리나라의 문양이 새겨진
다식판을 이용해 양각을 나타내. 녹차를 마실 때 곁들이면
입에 착 감기는 달콤함에 반하게 될지도 몰라. 차 만들기
체험에서는 차의 맛과 향을 결정하는 중요한 과정인
'덕음'을 경험할 수 있어. 도시에서의 일상과는 전혀 다른
하루를 보낼 수 있을 테니 천천히 만끽하길 바라.

- 다식 체험은 1인(2인 이상 가능) 5,000원,
  한옥 체험료(가족실 기준)는 50,000원이야.
- 선암사와 연계 관광도 가능해.
- 숙박 및 체험 예약은 전화로 문의해줘.

몸도 마음도
건강하게 만들어줄

아카씨

📍 전남 순천시 역전2길 50
🕐 토~수 11:30~20:00,
   브레이크 타임
   15:00~17:00,
   라스트 오더 19:30 /
   목, 금 휴무
📷 ama_seed

평소 자극적인 음식을 주로 먹는 편이라 한 끼 정도는 건강하고 맛있는 식사를 하고 싶다면 추천하는 곳이 있어. 순천역에서 도보 8~10분 거리에 위치해 뚜벅이가 가기에도, 차를 타고 가기에도 접근성이 좋은 곳. 이 아담한 식당은 바로, 아마씨 아름엄마 씨앗밥상! 이곳의 시그니처 메뉴는 직접 농사지은 무농약 연잎과 땅에서 수확한 싱싱한 채소, 곡물로 정성껏 차려낸 연잎밥 정식이야. 연잎 특유의 톡톡 터지는 식감과 향긋함이 달달하면서 고소한 밥과 만났을 때 아주 일품이거든. 그리고 정갈한 밑반찬까지 함께한다면, 든든하면서도 속이 편안한 끼니를 챙길 수 있지. 게다가 이곳은 건강한 육식을 지향하는 비건 지원 식당이라서 원한다면 채식 옵션으로도 주문할 수 있어. 다양한 취향의 사람들이 모두 즐길 수 있는 곳이라는 점이 아마씨의 또 다른 매력이지. 연잎밥 외에도 아름답상이라는 카레 메뉴도 인기 있는데, 제철 식재료를 이용하기 때문에 시즌마다 다른 종류의 카레를 만날 수 있다고 해. 덕분에 언제 가도 질리지 않는 맛있는 식사를 할 수 있어.

방문 전 네이버 지도에서 영업 일정을 꼭 확인해줘.

밀크티 한 모금에
추억을 곁들이는 곳

밀림슈퍼

📍 전남 순천시 역전2길 46
🕐 월~수 12:00~19:00 /
토, 일 12:00~20:00 /
목, 금 휴무
📷 funme_malco

이곳은 1970년대의 작은 동네 슈퍼를 그대로 간직한
카페, 밀림슈퍼야. 오래된 간판과 정겨운 소품들이 마치
타임머신을 타고 과거로 돌아간 듯한 기분이 들게 해.
이런 레트로한 인테리어가 빈티지를 사랑하는 사람들을
끌어당기지. 특히 이 카페 2층은 마치 할머니 댁에 온
것 같은 아기자기한 공간이라서 사진 찍기에도 좋으니
참고해. 공간만 특별한 것이 아니야. 밀림슈퍼의 매력은
바로 말꾸티! 아쌈차로 직접 끓여내는 말꾸티는 이곳의
시그니처 메뉴인데, 풍미가 깊으면서도 부드러워.
홍차맛이 진한데도 부담스럽진 않은 단맛이라서
홀짝홀짝하다간 금세 한 병을 다 비워버릴 수 있으니
조심해. 매실 농사를 짓는 사장님 어머니가 직접 담그신
매실청으로 만든 음료도 별미! 누군가 몰래 정지 버튼을
누른 듯, 시간이 멈춘 느낌의 이 공간에서 향긋한 말꾸티와
스콘 등 맛있는 디저트를 즐겨봐. 익숙하면서도 낯선
즐거움으로 시간 가는 줄 모를 거야.

주차도 가능하고 단체 이용도 가능해.

보고 있어도
보고 싶은 아름다움

순천만
국가정원

10년 만에 다시 열린 곳, 무려 60만 평을 정원으로 조성한 이곳은 바로 순천만국가정원이야. 순천만습지와 도심의 일부까지 정원으로 꾸며서 눈을 깜빡이는 순간조차 아까울 정도로 시야에 담기는 모든 것들이 비현실적이야. 봄이면 형형색색의 꽃들의 향기가 황홀하고, 여름엔 푸르른 녹음이 반짝이는 싱그러움을 자랑해. 그리고 가을이 되면 찬란한 단풍이 물들고, 겨울에는 하얀 눈꽃과 겨울 별빛 축제가 낭만을 선사하지. 제주의 오름을 연상시키는 오천그린광장, 플로팅 공법을 이용한 물 위의 정원 등 아마 들어서는 순간, 동화 같다는 생각이 들 거야. 꽃과 나무뿐만 아니라 분수와 다리 등 이국적인 조형물 덕분에 여행의 낭만을 최대치로 끌어올려 주는 곳이야. 다양한 나라의 정원 양식을 한곳에서 만나볼 수 있어 유럽의 정원에 온 게 아닐까 하는 생각까지 들어. 사진 찍는 걸 좋아한다면 이곳에서 떠나고 싶지 않을지도 몰라. 일 년 내내 멋진 정원이 기다리는 순천만국가정원으로 떠나보자.

📍 전남 순천시 국가정원1호길 47
🕐 매일 9:00~21:00 / 매달 네 번째 월 휴무
🔗 scbay.suncheon.go.kr/garden

• 당일권 이용 시 순천만습지도 함께 관람 가능해.
• 연인, 가족과 방문한다면 숙박형 피크닉 프로그램 별빛정원 캠핑을 추천해.
• 습지센터 옆 짚라인과 스카이큐브를 이용하면서 습지 전경을 감상할 수 있어.

별빛처럼 반짝이는
여행의 마무리

죽도봉공원

여행의 끝을 가장 낭만적으로 만드는 건 야경이라고
생각해. 순천 시내를 한눈에 담을 수 있는 최고의
전망 포인트이자 야경 명소인 죽도봉공원에서 하루를
마무리해보자. 고려 시대 정자를 복원해, 기와지붕과
우아한 곡선이 아름다운 연자루에 잠시 앉아 쉬어가도
좋을 거야. 오늘의 여행은 어땠는지, 오늘 어떤 기분으로
보냈는지 회상하는 시간을 갖는 것도 여행을 잘 기억하기
위한 과정이자 내 마음에 집중하는 방법이거든. 잠깐
쉬며 피로를 살짝 풀었다면 팔각정 형태의 3층 전망대인
강남정에 올라보자. 발아래로 순천 시가지가 마치
파노라마처럼 펼쳐져 있을 거야. 죽도봉은 사계절 내내
아름답지만 벚꽃과 단풍이 가득해지는 봄과 가을에 특히
더 눈부신 공간이 되니 여행 시기를 정할 때 참고하길
바라. 또한 새벽 일찍 정상에 올랐을 때 운해로 뒤덮인
신비로운 풍경도 감상할 수 있는 곳이야. 어느 계절, 어느
시간에 가도 매력을 느낄 수 있으니 꼭 방문하길 바라.

📍 전남 순천시 조곡동 295-8

특별한 체험을 하고 싶다면

역사와 낭만이 공존하는 '낙안읍성'에서 천연 염색,
가야금과 국악 배우기 등을 할 수 있어. 매년 5월에는
민속 문화 축제가 열려서 다양한 공연과 행사도
진행한다고 해. 인근에 송광사 등 유명 사찰도 있어서
함께 둘러보기 좋아. 쑥 호떡은 꼭 먹어줘야 해!

순천의 맛집을 더 알고 싶다면

순천시민이 추천하는 찐맛집, '산정골해장국'을
추천해. 해물등뼈찜과 묵은지뼈전골이 있는데
어느 것 하나 포기할 수 없을 정도로 맛있어!

**푸짐한 전라도 한정식이
먹고 싶다면**

'남녘들밥상'으로 가보자.
메인 메뉴가 나오기도 전에
압도적인 반찬의 비주얼을
보고 놀라게 될 거야.

다른 카페에 가고 싶다면

일몰 맛집인 와온해변에서 노을을 보고 가는 건
어때? 빨간 문이 포인트인 '카페 앵무'는 테라스부터
2층짜리 건물까지 넓은 공간을 자랑해. 날이 좋으면
해변에 가지 않아도 카페에서 일몰을 볼 수 있어.

109

PLACE

다정다감한
동네에서
나를 찾는 시간

충남 공주

매일 급하게 무언가 해야만 하고,
어디론가 바쁘게 달려가는 일상으로부터
벗어나고 싶다고 생각한 적 있어? 무심한 듯 다정한 매력이
있는 곳, 소중한 마음들이 모여 만들어진 공주로 떠나보자.
나는 어떤 것을 좋아하고, 싫어할까? 나의 감정은 어떤
방향으로 흐를까? 오롯이 나에게 집중하는 시간을 가져봐.
잊고 있었던 나를 발견하게 될지도 몰라.

완전하고 온전한
나와의 시간을 위해

내 삶의 주인공은 나라는 걸 알면서도 가끔은
내가 누구인지를 잊기도 해.
공주에서만큼은 나를 위한 시간으로
여행을 채워보자.

🍴

뭔가 달라도 확실히 다른
원조의 맛

북경탕수육

'공주' 하면 밤이 떠오르지. 그만큼 유명한 게 하나 더 있어. 바로 김치피자탕수육! 일명 김피탕의 원조가 공주라는 사실 알았어? 공주의 명물이자 김피탕의 시초인 북경탕수육에서 여행을 시작해보자. 동네 주민들도 사랑하며 꾸준히 찾는 곳이라서 믿고 방문해도 좋아. 김피탕을 한 번도 접해보지 않았다면, 저게 과연 어떤 맛일까 싶을 거야. 하지만 바삭한 탕수육에 매콤한 김치와 고소한 치즈를 얹어 한 번에 즐기는 이 특별한 맛의 조합은, 일단 빠지면 헤어 나오기 힘들어. 생각보다 잘 어울리고 꽤나 중독적이거든! 북경탕수육의 또 다른 인기 메뉴는 김치치즈탕수육인데, 닭고기로 만들어진 탕수육 튀김에 각종 채소들과 김치 그리고 치즈가 가득 들어가 있어. 길게 늘어나는 치즈와 꾸덕꾸덕한 빨간 소스만 봐도 군침 돌 거야. 30년이 넘는 세월 동안 이곳이 사랑받은 또 다른 이유는 맛도 맛이지만 양이 정말 푸짐하다는 거야. 작은 사이즈인 미니 김피탕조차 두 명이서 배불리 먹을 수 있을 정도거든. 학생 때부터 성인이 된 이후까지 꾸준히 찾는 사람들이 많은 이곳에서 공주 사람들의 정겨운 추억까지 엿보고 오자.

📍 충남 공주시 중동1길 5-18
🕐 화, 수, 금 10:00~20:00 /
　　토, 일 10:00~16:00 /
　　월, 목 휴무

재료 소진 시 영업을 종료하니 일찍 방문할 것!

싱그러운 공원에서의 산책

금강신관 공원

배부르게 식사했으니 소화도 시킬 겸 공원으로 가볼까? 서울에 한강이 있듯 공주엔 금강이 있거든. 금강신관공원은 흐르는 금강 앞에 있는 공원이야. 강변을 따라 넓은 잔디가 펼쳐져서 슬슬 걸으며 쉬어가기에 딱 좋지. 3.7km의 산책로가 조성되어 있는데 가을에 특히 아름다워. 울긋불긋 물든 메타세쿼이아길이 장관을 이루거든. 봄에는 꽃잔디, 여름에는 연꽃까지 계절마다 다채로운 아름다움을 자랑하는 곳이야. 건너편으로는 자연의 지형을 따라 쌓은 성벽인 공산성을 마주하고 있어. 이곳에서는 꼭 자전거 타기를 추천해. 푸릇한 공원에서 바람을 가르며 자전거를 타는 것만큼 계절을 잘 즐기는 방법이 또 있을까? 공원 내 공공 자전거 대여소에서 신분증만 확인하면 누구나 자전거를 무료로 빌릴 수 있어. 1인용 자전거뿐만 아니라 다인용 자전거와 어린이용 자전거까지 다양하니 자전거로 공원을 누벼보길 바라. 걷는 걸 더 선호한다면, 금강을 사이에 두고 공산성을 마주 보며 천천히 산책해봐. 북적이지 않아서 멋진 풍경을 오롯이 소유하며 여유를 즐길 수 있을 거야. 이 공원에서는 매년 백제문화제, 군밤 축제 등 여러 축제가 열리고는 해. 만약 공주로 여행을 갈 거라면, 방문하기 전 축제 일정도 확인하길 바라.

📍 충청남도 공주시 금벽로 368

- 자전거 대여는 1인 1대, 10시부터 19시까지 대여 가능해. 이용 시간은 평일 2시간, 주말 및 공휴일은 1시간이고 마감 20분 전에 꼭 반납해야 해.
- 주변에 미르섬, 공산성, 정안천 생태공원 등 명소가 많으니 같이 둘러봐.

실컷 달린 뒤 당 충전은 필수

곡물집

넓은 공원에서 충분히 산책과 휴식을 했다면 이제 슬슬 달달한 디저트가 당길 시간이지? 단순히 달기만 한 게 아니라 건강한 맛에 출출한 배도 채워줄 카페를 소개할게. 이름에서 알 수 있듯, 곡물집은 우리나라에서 나는 토종 곡물을 소개하는 그로서리 스토어야. 이곳에서는 다양한 토종 곡물을 판매하고 있는데, 패키지가 아주 귀여워서 소장하고 싶다는 욕구가 마구 올라올지도 몰라. 콘셉트에 맞춰 곡물집에서는 토종 곡물을 활용한 디저트를 선보이고 있어. 토종 앉은키 밀가루 반죽으로 만든 와플이 이곳의 시그니처 디저트야. 공주 밤으로 직접 만든 밤잼이 올라가서 한입 베어 물면 은은한 달콤함이 입안 가득 퍼지거든. 그리고 밤 특유의 고소함이 와플의 식감과 절묘하게 어우러져. 부드럽고 달콤해서 자꾸 손이 가는 맛이라 나도 모르게 접시가 텅 비어버릴 수 있으니 주의해야 해. 천천히 오래 즐기자! 곡물집에는 디저트뿐만 아니라 원두와 토종 곡물을 함께 블렌딩 한 커피, 늘보리 라테, 그레인 라테 등 다양한 곡물 음료가 준비되어 있어. 메뉴마다 곡물의 특별한 매력을 느낄 수 있으니 디저트와 음료를 꼭 곁들여줘.

📍 충남 공주시 효심1길 12-1
  1F 곡물집
🕐 월, 목, 금 12:00~19:00,
  브레이크 타임
  15:00~16:00 /
  토, 일 11:00~19:00 /
  화, 수 휴무
📷 a.collective.grain

물가에 떠다니는
병에 담긴 편지 같은 공간

가가책방

혹시 여행지에서 하는 루틴이 있어? 음악 플레이리스트를
만든다든가, 향수나 책을 구매한다든가 하는 것
말이야. 하나 정해두면 매번 다른 여행의 느낌과 감정을
기억하기에 좋거든. 나중에 떠올리기에도 좋고 말이야.
아직 루틴을 만들지 않았다면, 공주 여행에서 하나
시도해보는 게 어떨까? 어떤 방해도 없이 내 취향에
집중할 수 있는 장소를 찾았거든. 공주 원도심에 생긴
첫 번째 책방인 이곳, 가가책방은 책방지기가 버려진
목재와 가구들을 활용해 직접 만든 공간이라고 해.
책방지기의 서재로 시작한 이 공간은, 마을을 사랑하는
주민들의 공간에서 더 확장되어 여러 도시의 방문객들이
찾아오는 무인책방이 되었지. 책방 안에 책방지기는
없지만 이곳을 찾아온 사람들의 따뜻하고 정겨운 마음이
담긴 메모와 그림이 남아 있어. 새로운 방문객을 반갑게
맞이하기 위해서 말이야. 익명의 누군가로부터 환영
인사를 받는다는 게 참 사랑스럽다는 생각이 들어.
얼굴도, 이름도 모르는 사이이기에 표현할 수 있는,
담백한 다정함이라는 게 있잖아. 적혀 있는 글들을 찬찬히
읽어보기도 하고, 메모 한 장 남기고 나오는 것도 색다른
경험이 될 거야.

● 충남 공주시 당간지주길 10
◷ 매일 24시간 무인 운영

- 입장료는 5,000원이야.
- 근처 가가상점도 함께 방문하길 추천해. 공주 지역에서
  활동하는 예술가와 공방이 기획하고 제작한 로컬 상품들을
  판매해. 기념품으로 최고!

누군가의 마음이 모이고 모인

제민천

공주 여행을 마무리하기 전, 이 도시의 매력을 오래도록 기억하고 미처 보지 못했던 공간들을 발견할 수 있게 강변을 걸어보자. 공주 구도심을 가로지르는 작은 하천인 제민천은 일몰을 감상하며 걷기에 좋아. 좁은 물길을 따라 걷다 보면 시간이 느리게 흐르는 것 같다는 생각이 들기도 해. 고즈넉한 한옥과 가옥, 성당 등을 보면 왠지 다양한 시대가 공존하는 듯한 분위기거든. "자세히 보아야 예쁘다, 오래 보아야 사랑스럽다"는 시구처럼, 느리게 걸으면서 주변을 둘러봐. 특히 '나태주 골목길'에서는 더더욱 천천히 걷길 바라. 골목 구석구석에 숨어 있는 시를 발견할 때마다 버석하게 말랐다고 생각했던 감성까지 가랑비에 젖어가듯 촉촉해지는 걸 느끼게 될 거야. 조금 더 걷다 보면 오래된 하숙마을을 개조한 게스트 하우스와 갤러리, 특색 있는 독립서점 등 소소하게 예쁜 장소들을 만날 수 있어. 공주를 사랑하는 지역 주민들의 마음이 모이고 모여 만들어진 공간들로 채워져서 그런 걸까? 골목골목 새로운 만남이 방문객을 기다리는 동네, 언제 찾아올지 모르는 낯선 이에게도 언제나 다정한 인사를 건네는 동네야.

📍 충남 공주시 중학동

116

◆ 다른 소품숍이나 특별한 경험을 원한다면

'단편선'은 하나의 주제 속 저마다의 이야기를 가진 브랜드들을 모아 소개하는
편집숍이야. 다양한 브랜드와 작가가 만든 카드, 포장지, 티코스터 등
실용적이면서도 감각적인 아이템을 만날 수 있어.

◆ 공주 밤으로 만든 빵을 맛보고 싶다면

이름에서 알 수 있듯 '베이커리
밤마을'은 밤으로 만든 빵을 판매하고
있어. 밤 파이부터 밤 에클레어까지
모든 빵이 밤으로 만들어졌지. 특히
밤 파이와 밤 라테는 꼭 주문해줘.
2층에는 창밖으로 공산성이 보이는
넓은 공간이 마련되어 있으니 이곳에서
주문한 음료와 빵을 먹고 가도 좋아.

◆ 특색 있는
공주 밤 디저트를 만나고 싶다면

'공주보늬밤참'은 매장에서 직접
만든 보늬밤으로 다양한 디저트를
선보이는 곳이야. 귀여운 알밤
모양의 쿠키 사이에 보늬밤이
들어간 보늬샌드, 보늬밤 페이스트
반죽으로 구워낸 마들렌을 맛볼 수
있어. 포장도 잘 되어서 선물용으로
좋아.

◆ 산책할 수 있는 공간을 찾는다면

'공산성'은 백제 시대의 도읍지였던 웅진을 방어하기 위해
쌓은 산성이야. 자연 지형을 그대로 살려서 돌성을 쌓았기
때문에 땅이 구불구불해서 성곽도 구불구불한 모양이야.
공산정이라는 정자에서부터 공북루로 가는 길 내내 금강과
금강교가 보여서 산책 코스로 추천해.

PLACE

숲을 배경으로 책에
빠져드는 경험

충남 진천

바쁜 일상 속에 쉼표를 찍어줘야 할 때,
나를 조금 먼 곳으로 데려가 보는 건 어떨까?
컴퓨터 화면과 화면 속 글자가 아닌, 푸른 자연과 손으로 만질
수 있는 종이 위 활자를 찾아서 말이야.
익숙하지만 그래서 자꾸 잊게 되는 이것들을
의식적으로 찾아 떠나보자.

초록을 거머쥐고
푹 쉬어보기

주변을 둘러보면 온통 푸른 자연인 코스야.
도시의 자극에서 벗어나 느리지만
확실한 힐링을 챙겨보자.

상쾌한 아침 산책에 제격인

걸미산
녹색나눔숲

찌뿌둥한 몸을 풀어주고 상쾌한 공기를 쐬며 아침을 열어보자. 걸미산녹색나눔숲은 이름에 산, 숲이 들어가지만 사실은 언덕에 가까워. 대략 1시간 정도면 전체를 둘러볼 수 있어 가벼운 아침 산책으로 딱이지. 경사가 조금 있는 편이지만 나무 데크로 되어 있고, 오르는 구간이 길지 않아 힘들지 않을 거야. 걷다 보면 양 옆으로 계절에 따라 달라지는 제철 꽃이 흐드러지게 피어 있는데, 특히 이곳은 5월에 피는 공조팝꽃 명소로 유명해. 하얗고 몽글몽글한 공조팝꽃은 밥알을 뭉친 것 같은 귀여운 모양이라 사진을 찍어도 예쁘지. 달콤한 꽃 향을 맡으며 산책하면 기분이 절로 좋아질 거야. 공조팝꽃 외에도 노란 죽단화를 배경으로 알록달록한 사진을 찍을 수 있어. 사진 찍기 좋은 곳이 하나 더 있는데, 바로 정상에 있는 전망쉼터 정자야. 공조팝꽃 사이로 카메라를 조금 멀리 두고 정자 안에 서서 찍으면 멋진 사진이 완성될 거야. 정자에서 한 바퀴를 빙 둘러보면 한쪽에는 진천 시내와 그 너머에 있는 옥녀봉과 문안산, 두타산이 보이고, 반대쪽으로는 푸른 논밭이 보여. 여기서 숨을 고르고 주변 경치도 둘러보고 난 뒤에 다시 출발해보자. 아침을 산뜻하게 시작한다면 분명 그날 하루는 좋은 기운으로 가득 찰 거야.

📍 충북 진천군 진천읍
   신정리 산1
🐾 반려동물 동반 가능

주차장이 넓고, 무료!

🍴

**속을 따뜻하고
든든하게 달래주는**

북촌곰탕

📍 충북 진천군 진천읍 금사로
   353
🕐 목~화 7:30~20:30 /
   수 휴무
💬 전화 예약을 하고 가면
   미리 세팅해주니
   점심시간에 간다면
   예약하고 가는 걸 추천해.

메뉴만 봐도 몸보신이 되는 곳. 곰탕, 도가니탕 등 뜨끈한
탕 종류부터 백숙까지 다양해. 백숙은 누룽지 닭백숙,
오리 백숙, 옻닭백숙, 능이 닭백숙까지 다양하고, 예약
주문을 해야 먹을 수 있으니 참고해줘. 동네 주민들에게
유명한 곳임은 물론, 근처에 있는 골프장을 방문하는
사람들도 운동 후 이곳을 꼭 들린다고 하니 든든하고
힘 나는 메뉴들인 건 증명되는 셈. 곰탕 국물은 오랫동안
끓인 한우 사골 육수로, 따로 포장 판매할 정도로 깊고
맛있어. 함께 나오는 밑반찬들도 엄마의 손맛이 느껴지는
맛이지. 보통 곰탕이나 국밥집은 반찬이 단출한 경우가
많은데 이곳은 여러 가지 반찬에 김치전까지 주는 넉넉한
인심을 느낄 수 있어. 하루를 시작하기에 앞서 아침으로
먹는 것도 추천!

사계절 내내
초록이 반겨주는 곳

룰스퀘어

📍 충청북도 진천군 이월면
진광로 928-27

🕐 월~토 10:00~20:00,
라스트 오더 19:30 /
일 11:30~20:00,
라스트 오더 19:30

🔗 rootsquare.co.kr

🐾 반려동물 동반 가능

사계절 내내 풀잎 향과 초록빛으로 가득한 룰스퀘어는
카페, 레스토랑은 물론 스마트팜까지 있는 농업 기반
복합문화공간이야. 이곳은 '미래의 농촌 사회의 모습은
어떨까?'라는 질문에서 시작되어 농촌이라는 공간과
농업이라는 산업 그리고 그 속의 문화를 아우를 수
있는 하나의 장을 만들기 위해 기획되었다고 해. 1층
스템가든은 마치 깊은 숲속에 들어온 것 같은 싱그러운
향기에 절로 힐링이 되는 실내 정원이야. 개울과
식물들이 가득해서 도심에서 느끼기 힘든 오아시스 같은
공간이기도 해. 유리창 너머에 있는 스마트팜에선 LED로
재배 중인 식물들이 쑥쑥 자라나는 모습도 구경할 수 있어.
중간중간에 식물 사이로 물안개가 피어오르는 모습은
신비롭고 몽환적이기도 해. 신기한 풍경을 감상하며 바로
옆에 있는 북카페에 앉아 커피 한잔의 여유를 즐겨봐.
야외엔 건축가와 디자이너가 참여한 미래 농촌 주거
공간이 세 곳 마련되어 있어서 하룻밤 묵으며 이색 체험도
할 수 있대. 맑은 공기와 풀잎의 상쾌함을 온몸으로 느낄
수 있는 이곳에서 편안히 쉬어가는 것도 좋을 거야.

실내 정원 스템가든과 북카페 방문은 필수!

할미 입맛을 위한 디저트 천국

화계절

📍 충북 진천군 진천읍
　건송안길 37 화계절
🕐 매일 11:00~21:00,
　라스트 오더 20:30
📷 hwa_gyejeol
🐾 반려동물 동반 가능

'꽃이 머문 계절'이라는 예쁜 뜻을 지닌 이곳은 백곡저수지 옆에 있어 뷰가 좋은 디저트 카페야. 통창이 시원하게 나 있어 저수지가 보이는 창가 자리도 좋지만, 1층 가장 끝 쪽의 액자처럼 난 창문 밖으로 나무가 보이는 뷰도 멋있어. 바람에 살랑살랑 흔들리는 초록색 나뭇잎이 빼곡한 풍경도 또 다른 힐링이거든. 1층에는 주로 좌식 자리, 2층에는 의자석 등 공간마다 다른 분위기의 좌석이 있으니 원하는 곳에 자리 잡아봐. 외부에는 불멍할 수 있는 공간이 있어 캠핑 분위기까지 낼 수 있어. 불멍 세트를 네이버에서 예약하면 장작과 음료, 마시멜로, 쫀드기까지 준비해주니 미리 예약하고 가는 것을 추천해. 화계절에는 찹쌀떡, 화과자, 양갱, 만주 등 커피와 곁들이기 좋은 달달한 디저트들이 있어. 진천 딸기가 들어간 쫀득한 찹쌀떡, 꽃 모양의 화과자, 귀여운 동물 모양 만주 등 보기에도 예쁜 디저트들이지. 특히 양갱에는 꽃잎이 들어 있는데, 벚꽃 시즌에는 벚꽃 양갱이 나온다고. 시그니처 음료도 흑임자 라테, 인절미 라테라서 구수한 입맛의 소유자라면 이곳에서 취향 저격 당할 거야. 어른들을 모시고 가기에도 당연히 좋고!

잔디와 꽃으로 둘러싸인
평화로운 공간

이월서가

충북 진천군 이월면 진안로
583-6

화~일 11:30~18:30,
라스트 오더 17:30 /
월 휴무

ewolseoga

반려동물 실외 이용 가능

이월서가는 북카페로, 특이하게 음료 값이 아닌 공간
이용료를 내는 곳이야. 공간 이용료만 내면 원하는
음료를 마음껏 즐길 수 있고, 이용 시간에 제한도 없어.
다르게 말하자면 그만큼 공간의 매력이 엄청난 곳이지.
내부에는 곳곳에 독특하고 귀여운 소품들이 있어
구경하는 재미가 있고, 밖에는 넓은 잔디밭과 그 너머로
아름다운 풍경이 펼쳐져. 바람에 살랑이는 나무들, 울려
퍼지는 새소리 그리고 고요한 분위기까지. 마치 시간이
멈춘 듯한 평온함이 느껴지는 곳이야. 책을 읽다 문득
고개를 들면 감탄이 절로 나올 거야. 특히 별채인 서가동은
12세 미만은 출입할 수 없는 노키즈 존인 만큼 고요함
속에서 책을 읽거나 명상에 잠길 수 있어. 테라스에서는
포근한 빈백 의자에 몸을 맡기고, 파란 하늘을 바라보는
것만으로도 힐링이 될 거야. 해질 무렵이 되면 이월서가는
더할 나위 없이 로맨틱해져. 노을에 물든 하늘과 잔잔한
음악 그리고 은은한 조명까지. 가족, 연인, 친구 누구랑
가도 좋지만, 혼자 가도 전혀 심심하지 않을 거야. 나에게
집중하는 시간도 소중하니까!

조경이 예쁜 곳이니 정원 구석구석을 걸어봐.

야외에서 식사하고 싶다면

'진천쥐꼬리명당식당'은 배를 타고 들어가야 나오는, 숨어 있는
식당이야. 강가에 자리해 배를 타고 2분 정도 가야 하는데,
그래서 주변 뷰가 아름답지. 대표 메뉴인 닭볶음탕에 막걸리 한
잔을 곁들이면 유유자적, 신선놀음을 하는 기분이 들기도.

로컬의 재미를 느끼고 싶다면

'생거진천전통시장'은 5, 0이 들어가는 날에 맞춰 오일장이 열리고,
상설시장도 있는 전통시장이야. 조선 시대 문헌에 기록되어 있을
정도로 오랜 역사를 자랑하는 곳이라고 해. 신선한 농수산물부터
시골 감성이 물씬 나는 패션 잡화까지, 총 여섯 개 동으로 이루어져
있어 구경하다 보면 시간이 훌쩍 가 있을 거야. 중간중간에 시장
먹거리로 배 채워주는 것도 잊지 말기!

시원한 청량감을 느끼고 싶다면

'생거진천 인공폭포'는 크고 웅장해서 인공폭포라고 믿을 수
없는 폭포야. 시원한 물소리를 듣고 있으면 정신이 맑아지는
기분이 들지. 폭포 앞에는 징검다리가 있는데, 여기에 서서
폭포를 배경으로 사진을 한 컷 찍어보는 것도 좋아. 미끄러울 수
있으니 조심히 인생샷을 건져보자.

시야를
넓히고

#지적호기심 #영감 #문화생활

싫어

새로운 경험을 하고 싶을 때

디저트
그 이상의 행복을
찾아서

대전

대전에서는 어딜 가든 빵만큼은 실패하지 않을 거라고 하지.
빵 맛이 전체적으로 상향 평준화되어 있다는 말도 있잖아.
종일 디저트만 먹어도 행복한 빵순이들을 위해
작지만 알차고 야무진 맛으로 입을 만족시켜 줄 곳들을
소개할게. 빵 그 이상의 행복을 만나게 될 거야.

평범함을 넘어선
즐거움

빵을 사랑하는 사람이라면 아마 대전 빵투어를
한 번쯤 생각해봤을 거야.
특별한 맛의 경험부터 대전의 재미까지
만끽할 수 있도록 알찬 코스를 소개할게.

다정한 마음을 느낄 수 있는 곳

대전사람 수부씨

오래된 주택을 개조해서 누군가의 집에 초대받은 느낌이 드는 이곳, 대전사람수부씨는 아버지인 '수부 씨'를 위해 딸들이 만든 공간이야. 애틋한 마음이 담긴 이곳은 정성이 가득 담긴 애프터눈티 세트가 가장 유명해. 예약을 해야만 즐길 수 있는 이 세트는, 세 종류의 차와 그릭요거트, 3단 트레이를 빼곡하게 채운 제철 과일 디저트로 구성되어 있어. 차와 디저트라고는 해도 타르트, 카눌레, 스콘, 마들렌 등 양이 정말 푸짐하니 대식가가 아니라면 꼭 배고픈 상태에서 방문하길 추천해. 차와 디저트가 바뀔 때마다 커트러리와 찻잔도 새로 바뀌는데 이것도 소소한 재미이니 눈여겨보길 바라. 애프터눈티 세트와 정찬 세트의 구성은 계절이 바뀔 때마다 조금씩 달라진다고 해. 합리적인 가격대로 애프터눈티 세트를 경험할 수 있으니 지도에 꼭 저장해두자.

매일 00시를 기준으로 다음 날 예약이 오픈돼. 세트(브런치 세트, 호밀 샌드위치 세트, 수부씨 정찬, 애프터눈티 세트)를 이용하려면 예약이 필수고 2인 이상부터 예약이 가능해. 주말은 품절이 빠르니 평일을 노리는 게 좋아. 메뉴 라인업은 인스타그램으로 확인할 수 있고, 예약에 실패했다면 네이버 예약의 빈자리 알림 켜두기!

📍 대전 서구 변정4길 30 1층
🕐 화~일 10:00~19:00 /
   월 휴무
📷 eddeurangje2378

사랑과 열정을 모두 빵에
바친 사람이 만드는 빵

콜드버터
베이크샵

📍 대전 중구 중앙로112번길
   37 1층 일부 1호
🕐 매일 12:00~19:00
📷 coldbutter_bakeshop

빵이 미치도록 좋아 세상에서 가장 맛있는 빵을 만들어
모두에게 그 맛을 알리고 싶다는 마음으로 운영되는
콜드버터베이크샵이야. 쫀득한 찹쌀이 들어간 빵과 버터
풍미가 진한 피낭시에, 다양한 맛의 소금빵을 판매하고
있어. 가장 기본이자 시그니처 메뉴인 크랙 소금빵은
겉은 낙엽처럼 바삭하고 얇으면서도 속은 버터를 머금어
촉촉하며 쫄깃해. 시간이 지나도 질겨지지 않도록
만들어져서 포장을 해도 눅눅하거나 식감이 변하지
않는다는 후기가 있지. 맛있는 빵에 맛있음이 더해진
'바질 입은 토마토'라는 소금빵도 있어. 바질 잎과 바질
크림치즈, 선드라이 토마토가 들어가서 보다 신선한 맛을
선사한다고. 이외에도 흑후추, 추로스, 초코와 바나나 등
종류가 다채로워서 취향대로 선택할 수 있어. 매일 먹어도
질리지 않고 맛있는 빵을 만들겠다는 사장님의 진심을
느낄 수 있는 곳이야.

• 매장이 아담하니 인스타그램으로 예약 후
  포장 주문하길 추천해.
• 숙소를 서구에 잡았다면 탄방점으로 방문해도 좋을 거야.

131

입이 즐거웠다면
눈이 즐거울 시간

이응노
미술관 +
한밭수목원

디저트를 위한 여행이더라도, 기억에 오래 남을 시간을
보내야겠지? 전시 작품이 돋보이는 설계도 중요하지만
건축물 그 자체로 이미 하나의 완벽한 예술 작품이어야
한다는 철학으로 지어진 미술관으로 가보자. 이응노
미술관은 요즘 같은 고물가 시대에 1,000원이라는 저렴한
금액으로 미술 작품을 관람할 수 있는 귀한 곳이야. 고암
이응노 화백의 작품부터 현대미술 작품까지 감상할 수
있어. 또 한밭수목원에는 다육식물원과 열대식물원이
있는데 신기한 열대식물을 무료로 실컷 구경할 수 있어.
게다가 근처에 피크닉 업체가 다양하고 공원에 도시락을
반입할 수 있어서 소풍을 하기에도 좋아. 벚꽃 시즌에
방문한다면, 엑스포공원과 가까우니 자전거 '타슈'를
타고 둘러보는 것도 추천해. 차로 이동하면 갑천이나
금강로하스공원도 30분 이내로 갈 수 있어 벚꽃이 가득한
대전을 감상할 수 있어. 한밭수목원은 장미가 피는
4~6월에는 특히 가장 화려하고 아름답다고 하니 참고해.

• 평일과 주말에 별도 예약 없이 도슨트를 운영하고 있어.
• 사진 촬영을 지양하는 곳이니 주의하자.
• 대전 지역 거주자는 관람료의 50%를 할인받을 수 있어.

이응노 미술관
📍 대전 서구 둔산대로 157
　이응노미술
🕐 3~10월 10:00~19:00 /
　11~2월 10:00~18:00
🌐 leeungno museum.or.kr
한밭수목원
📍 대전 서구 둔산대로 169
🕐 동절기와 하절기, 동원과
　서원, 열대식물원에 따라
　운영 시간 및 휴원일 상이
🌐 daejeon.go.kr/gar

132

디저트를
더 맛있게 먹기 위해

천수맛집

대전 유성구 지족로
349번길 42

화~일 11:00~21:00 /
월 휴무

042-826-3335

아침을 디저트로 시작했으니 든든한 한식으로 속을
달래줘야겠지. 이렇게 중간에 자극적이지 않은
밥을 먹어야 다음에 먹을 디저트가 질리지 않거든.
한국인은 밥심이니까 말이야. 정갈한 식사를 할 수 있는
천수맛집으로 가보자. 화학조미료를 지양하고 최대한
음식 본연의 맛을 살리기 위해 노력하는 식당이야. 이곳의
시그니처 메뉴는 골동반과 온반이야. 골동반은 궁중
비빔밥을 우리 입맛에 맞게 재해석한 음식이라고 해. 갓
지은 따끈한 밥 위에 신선한 채소와 숙성 맛간장으로 맛을
낸 달짝지근한 양념장을 얹어주는데, 고추장이 들어가지
않아 담백한 맛이 일품이야. 여기에 칼칼하니 불향이
느껴지는 낙지볶음을 함께 곁들이면 맛의 궁합이 아주
찰떡이야. 온반은 한우 사골로 우려내어 깊고 진한 맛이
특징인데도 텁텁함이 전혀 없어. 뜨끈하게 몸보신할 수
있으니 추운 계절에 추천해.

- 점심과 저녁 식사 시간에는 웨이팅이 있을 확률이
  높으니 애매한 시간에 방문하길 추천해.
- 주차가 불가능하니 근처 공영주차장을 이용해야 해.

목수정

본점
- 📍 대전 중구 계룡로874번길 47 3층
- 🕐 매일 12:00~22:00

서쪽
- 📍 대전 서구 벌곡로1379번길 5 2층
- 🕐 화~일 12:00~22:00 / 월 휴무
- 📷 oo.mogsujeong.oo

목수정은 카페와 우드 카빙 작업실이 함께 운영되어 차분하고 잔잔한 우드톤의 분위기를 자랑하는 곳이야. 매장 곳곳에서 나무로 만들어진 소품들과 카빙 도구들을 볼 수 있지. 이곳의 시그니처 메뉴는 '치즈 한 모'야. 방금 막 만들어진 두부를 나무그릇에 담아낸 듯한 비주얼이라 궁금증을 유발하지. 직접 만드는 수제 치즈에 그래놀라와 말린 베리가 들어가 있는데 색다르지만 조화로운 맛이라며 인기가 많아. 치즈는 담백하고 고소하면서, 꾸덕한 치즈케이크나 그릭요거트, 크림치즈의 맛까지 모두 느껴진다고. 거기에 치즈 아래에 깔린 그래놀라와 견과류가 식감을 살려주고, 베리류의 건과일은 상큼함과 함께 적당한 달콤함까지 더해주지. 그 덕분에 디저트지만 그 자체의 단맛이 과하지 않아 건강한 음식을 먹는 기분이 든다는 후기가 눈에 띄어. 기억에 오래도록 남을 곳이기에 여행의 마지막 코스로 가장 잘 어울리지. 목수정은 최근 서쪽 지점이 생겼는데 본점보다 매장이 더 넓고 자리가 많아 한산하다고 해. 웨이팅을 선호하지 않고 일정상 동선에 무리가 없다면 목수정 서쪽으로 방문하는 걸 추천할게.

동네 주민들의 찐맛집을 가보고 싶다면

'노은칼국수'는 대전 노은동 주민들의 찐맛집으로 20년 동안
사랑받으며 굳건히 자리를 지키고 있어. 들깻가루 맛과 얼큰한 맛이
동시에 나는 얼큰 칼국수를 추천해.

디저트 도장 깨기를 하고 싶다면

'오븐 브라더스'는 르 꼬르동 블루
출신 셰프가 운영하는 곳이야.
'부드럽다'라는 뜻을 가진 프랑스
구움과자, 덩드레스를 만날 수
있는 곳이야. 국내에서 유일하게
판매하는 곳이지.

새로운 경험을 하고 싶다면

'모락당'은 프랑스 향료 회사에서 독점
수입한 향료로 향수를 만드는 공방이야.
원데이 클래스로 취향을 저격하는
향수를 만들 수 있어.

이색적인 볼거리를 찾는다면

'상소동 산림욕장'은 한국의 앙코르와트라
불리는 곳이야. 이국적인 조형물과 돌탑이
아름답지. 입장료가 무료이고 반려동물도 동반
가능하니 피톤치드 충전하고 오자.

시야와 세계를 넓히는 여행

제주

제주 여행을 보다 특별하고, 유의미한 경험으로 채우고
싶다는 생각을 한 적이 있어? 그렇다면 많이 알려진 맛집과
카페를 찾아다니며 일정을 보내는 게 아닌, 세계를 확장시킬
수 있는 공간으로 떠나보자. 새로운 영감을 얻을 땐 언제나
짜릿하잖아. 제주의 보물 같은 장소들을 방문하면서 색다른
하루를 보낸다면, '이런 곳이 있었는데 나만 몰랐다고?'
하며 놀라게 될지도 몰라.

탐구와 사유로
채워지는 영감

반갑지만 낯선 공간을 둘러보는
제주 여행 코스. 새로운 것을 발견하고 느끼며
나의 세계를 넓혀보자.

제주의 역사와 자연을 한번에
만날 수 있는 국내 유일의 공간

제주민속
자연사
박물관

무언가 탐구하며 흥미로운 시간을 보내기엔 이곳만큼
적절한 곳이 없어. 바로 제주만의 독특한 문화와 자연에
관한 자료를 전시하고 있는 제주민속자연사박물관이야.
해녀들의 물질 도구부터 제주 어민들의 고기잡이 풍경 등
거친 바다와 함께 살아가며 만들어낸 제주만의 고유한
문화를 알 수 있는 곳이지. 한라산 고산 지대에서나
볼 법한 구상나무, 시원한 바닷속 암초에 뿌리내린
해산물까지, 제주에만 서식하는 독특한 동식물들도
관찰할 수 있어. 관광객이 아닌 탐험가의 시선으로
바라본다면 우리에게 익숙한 제주가 얼마나 특별한
섬인지, 또 바다는 얼마나 신비로운 곳인지 다시 한번
깨닫는 계기가 될 거야. 제주민속자연사박물관은
입장료도 합리적이고, 찾아가는 데 크게 어렵지도 않으니
꼭 들러보길 바라. 아이들보다도 어른들의 눈이 더
반짝반짝 빛난다는 후기도 있거든. 아, 박물관 바로 옆에
공원도 있으니 관람 후 산책을 하기에도 좋아. 날씨가
좋으면 공상에 잠겨 천천히 여유를 느껴보자.

📍 제주 제주시 삼성로 40
🕐 화~일 09:00~18:00 /
   월, 설날 다음 날, 추석 다음
   날, 훈증 소독 기간 휴무
🌐 www.jeju.go.kr/
   museum
📞 064-710-7711, 7707~8

- 다자녀카드를 제시하면 무료로 입장할 수 있어.
- 예약 없이 현장 발권이 가능하지만 해설은 최소 3일 전에
  예약해줘.
- 휠체어 및 유아차 대여가 가능하고 물품 보관함도 준비되어
  있어.

오감으로 느끼는 미식

빌레뱅디

📍 제주 제주시 한경면
청수동4길 139-31 나동
1층

🕐 수~월 10:00~17:00,
라스트 오더 16:00 /
화 휴무

📷 jeju_villebangdi

🐾 소형견 케이지 이용 시 매장
이용 가능, 대형견 동반 시
미리 전화로 문의 후 별관
이용 가능

한적한 시골길을 지나다 보면, 특별한 식당 하나를 만나게
될 거야. 돌을 사랑하는 아버지와 건축하는 아들이
함께 완성해 아름다운 조경을 자랑하는 빌레뱅디야.
'빌레'는 용암이 굳어진 너럭바위를 말하고 '뱅디'는 너른
들판을 뜻하는 제주 방언의 벵디를 변형한 말이라고.
제주의 천연암반을 고스란히 보전한 빌레뱅디의 정원은
아버지께서 직접 20여 년 동안 정성으로 가꿔오셨대.
정원을 지나 매장으로 들어가면 마치 깊은 숲을 지나
발견한 동굴 속에서 시간을 보내는 느낌을 받을 수 있어.
빌레뱅디는 조경뿐만 아니라 제주의 신선한 식재료를
활용해 건강한 음식을 선보이는 곳으로도 유명해.
2024년 식품안전나라 제주 대표 맛집으로도 선정되었을
정도로 요리 하나하나에 자연의 맛과 사계절을 고스란히
담아내는 셰프의 철학이 느껴지는 곳이지. 특히 라자냐와
파스타가 맛있다고 해.

• 비건 메뉴인 가지 토마토 파스타를 출시했어.
• 날이 좋을 땐 햇살을 받으며 야외에서 식사하자.

예술적 영감을 충전하는 시간

저지문화
예술인마을

제주에서 미술관 투어를 하는 방문객들이 꼭 들르는 곳,
전국의 유명 예술인이 모여 작품을 만들며 형성된 마을로
가보자. 저지문화예술인마을은 다양한 공방과 갤러리,
미술관 등 예술적인 공간들이 가득해 취향에 맞는 전시를
관람하며 영감을 얻는 곳이야. 마을은 공공 수장고가 있는
남쪽, 김창열 미술관이 있는 동쪽 그리고 조각공원과 제주
현대미술관이 있는 서쪽으로 나눌 수 있어. 미술관으로
향하는 길에서도 조형물 등 설치 미술 작품들을 관람할
수 있어. 복잡하지 않고 조용한 이 마을은 제주의 자연과
조화를 이루는 건물마저도 하나의 작품처럼 느껴지고,
골목골목이 예뻐서 그저 걷기만 해도 기분이 좋아져.
숲길로 이어지는 이 마을의 바닥에는 안내 지도 앱으로
연결되는 QR코드가 있어. 마을 자체가 하나의 작품이자
방문객을 위한 세심한 마음이 느껴지는 이곳에서 여행에
색채를 더하는 시간을 보내길 바라.

📍 제주 제주시 한경면 저지리
   2120-112
🕐 마을 이용 상시 가능(실내는
   전시관별 이용 시간 상이)
🌐 www.jeju.go.kr/artist/
   index.htm
📷 jeojiartsvillage

● 마을 내 일곱 곳 정도의 무료 주차장이 있어.
  가장 규모가 큰 주차장은 남문 주차장이야.
● 마을 내에는 공영화장실이 두 곳 있어.
● 마을 안내도에는 마을을 산책하는 동선 2개가 예시로 나와
  있어.

가득 채운 영감을 익명의
누군가와 나누는

이립

📍 제주 제주시 한경면 청수로
82-10 2층
🕐 목~화 11:30~18:00 /
수 휴무
📷 erip_jeju
🐾 반려동물 동반 가능

오름 너머 초록 숲 사이 한적한 시골길을 따라가다 보면
문득 발걸음이 멈춰지는 공간이 있어. 차와 편지가
어우러지는 작은 카페, 이립이야. 들어서자마자 은은한
차 향과 나무 내음으로 평온하고 여유로운 분위기를 느낄
수 있지. 홍차, 우롱차, 녹차 등 다양한 베이스에 제주의
자연을 닮은 재료를 더해 만들어진 감각적인 차를 마셔봐.
'금오름' '사려니숲' '검은 모래해변' 등 이름만 들어도
영감을 더하는 느낌이 들 거야. 넓은 창밖의 풍경을
바라보며 감성이 촉촉해지는 느낌이 들면, 이립의 특별한
매력을 경험하기 딱 좋은 타이밍이야. 정성스레 블렌딩된
따뜻한 차를 마시며 낯선 이에게 편지를 쓰는 '레터
서비스'로 말이야. 차를 주문하면 편지지 세트가 함께
나오는데, 익명의 누군가를 향해 나의 마음이나 이야기를
적는 거야. 듣고 싶은 말 혹은 하고 싶었던 말을 담담히
써 내려가다 보면, 어느새 나도 몰랐던 나의 내면에 귀
기울이는 모습을 발견할 수 있을 거야.

• 매장 입구는 눈에 잘 띄지 않으니 건물 입구 오른쪽의
  작은 오솔길을 따라 올라가보자.
• 주변에 주차 공간이 마련되어 있어.

보석 같은 문장과의
운명적 만남을 기다리며

책에 독특한 제주 차와 술로 만든 칵테일을 함께 즐기는
북 큐레이션 바 문우에서 여행을 마무리하길 추천해.
이곳에서는 비정기적으로 소규모의 예술 프로그램이자
사교모임을 운영해. 영미 문학을 원서로 낭독하며 생각을
교류하는 문학 클럽과 음악가를 초청해 그의 연주를
듣고 시를 낭독하거나 음악에 숨겨진 역사 등 예술에
대한 이야기를 나누는 예술 클럽이지. 마치 외국의 고전
드라마나 영화의 장면들이 떠오르지 않아? 모임마다 종종
드레스 코드가 정해져 더욱 흥미롭게 느껴져. 몰입에
몰입을 위한 시간이니 제주 여행을 계획하고 있다면, 꼭
일정을 확인한 뒤 방문하도록 해. 혼자만의 시간을 보내고
싶다면 야외 테라스에 앉아 음악을 들으며 제주의 밤을
감상하는 것도 좋겠다. 문우에서는 제주에서의 모든
순간이 마치 한 편의 작품처럼 느껴질 거야.

- 🄿 제주 서귀포시 안덕면
  중산간서로1813번길 1
  상가 1층
- 🕐 목~토 18:00~23:00 /
  일 16:00~21:00 /
  월, 화 휴무 /
  하절기, 동절기 운영 시간
  상이
- 📷 moonwoo.jeju
- 🐾 반려동물 야외 테라스 이용
  가능

- 인스타그램으로 예술 클럽과 이벤트 등 다양한 소식을
  확인할 수 있어.
- 건물 앞 돌담 공터(보건소 주차장)를 이용할 수 있고, 저녁 7시
  이후에는 삼춘네 칼국수 주차장도 이용 가능해. 골목길 초입
  주차는 이웃 주민 통행에 방해될 수 있으니 주의해야 해.
- 3인 이상 이용 시 미리 문의를 하도록 해.

제주를 느낄 수 있는 식사를 원한다면

도민들이 사랑하는 한식당, '뚱보아저씨'를
추천해. 갈치 정식을 주문하면 성게 미역국과
고등어조림, 갈치구이가 같이 나오는데 한 토막의
크기가 크고 살이 많아. 튀김처럼 바삭한 갈치도
맛있고 김치전골도 맛있어서 언제 가도 실패 없는
식사를 할 수 있어. 재료 소진 시 브레이크 타임이
당겨지고 조기 마감되니 꼭 확인하고 방문해야 해.

제주에서도 빵 사랑을 멈출 수 없다면

베이글 맛집 '열두달'로 가보자. 매일 아침 빵과 베이글을 굽는다는
이곳에서는 주문 즉시 만드는 샌드위치와 브런치 메뉴까지 판매하고
있어. 당근 베이글이 유명하지만 다른 빵들도 다 맛있고, 동물 친구들과
함께 방문할 수 있어서 더 좋은 곳이야.

제주를 가까이 느끼며 디저트를 맛보고 싶다면

카페의 온실과 정원 덕분에 수목원처럼 느껴지는
곳, '웨스트그라운드'에서는 맛있는 음료와 과일
빙수를 판매해. 망고와 바나나를 직접 재배하기
때문에 더 신선한 메뉴를 먹을 수 있어.

여행을 기념하기 위한 소품을 구매하고 싶다면

향기에 관심이 많다면 '수풀'을 방문해봐. 흔치 않은 오브제부터 향기로운
것들이 많은데 예쁘기만 한 것이 아니라, 실용적인 제품들 위주라고 해.
제주에 올 때 이곳부터 방문한다는 후기도 있어.

예술의 세계로 푹 빠지는 미술관 투어

서울 서촌

어떤 미술관에서 어떤 전시를 봐야 할까 고민한 적이 있어?
어렵거나 지루하지 않게 관람할 수 있는 장소들을 소개할게.
고즈넉하고 아름다운 동네 서촌에는 예술적 학문과 거리가
멀어도 즐길 수 있는 전시와 갤러리가 정말 많아.
도심 속 궁궐, 산, 나무, 한옥, 높은 빌딩. 이 모든 것들을 눈에
담으며 새로운 영감으로 가득 찬 하루를 보내봐.

딱딱하고 어렵지 않은
예술의 세계

눈과 마음이 즐거워지고 싶은 주말,
예술과 한뼘 더 친해지는 시간을 보내보자.

시야를 넓히기 위해 취향을
알아보는 시간

대림미술관

1993년 대전에 개관한 한림 갤러리에서 출발했고 한국
최초의 사진 전문 미술관이었던 한림미술관. 그리고
그곳이 서울로 이전해 재개관한 모습이 바로 현재의
대림미술관이야. 대체적으로 틀에 박히지 않은 전시를
관람할 수 있는데도 난해하지 않기 때문에 시야를 넓히고
싶을 때 방문하기 좋아. 다양한 예술 장르를 넘나들며,
감각적인 전시를 선보이거든. 과거와 현재가 공존하는 듯한
서촌에서 현재와 미래를 이야기하는 대림미술관의 전시를
관람할 때, 그 묘한 매력에 반하게 돼. 이곳은 단순 전시뿐만
아니라 음악 공연 등의 이벤트 프로그램을 비정기적으로
열기도 해. 미술관은 굉장히 정적이고 어딘가 딱딱한
분위기일 거라는 편견을 부수는 동시에 다채롭고 창의적인
방법으로 관람객과 예술 사이의 거리를 좁혀주는 역할을
하는 거지. 아직 미술관이 낯설고 어떤 작품과 전시가 나의
취향인지 잘 모르겠다면 대림미술관에서 탐구하는 시간을
가져보는 거 어때? 어렵게만 생각했던 예술과 가까워졌다는
걸 느끼게 될 거야.

📍 서울특별시 종로구
   자하문로4길 21
🕐 전시마다 상이
   (기획전 없을 경우 휴관)
📞 daelimmuseum.org
📷 daelimmuseum

- 인스타그램에서 전시 관련 정보나 이벤트 소식 등을
  확인 후 방문하길 추천해.
- 상시 활용 가능한 모바일 가이드가 있어.
- 주차가 어려우니 대중교통 이용을 권장해.
- 대림미술관은 MD가 예쁘기로 유명하니 전시 관람 후 꼭
  들러보길 바라.

입술로 마주하는 예술 작품

두오모

유럽 시골의 작은 마을이 떠오르는 벽돌 건물과 오래된 책이 가득한 책장, 곳곳에 보이는 초록 식물 덕분에 아늑한 분위기를 풍기는 공간으로 떠나보자. 서촌의 골목 사이에 숨겨진 보석처럼 자리한 이곳, 2024년에 개업 16주년을 맞이한 두오모야. 이탈리아어로 성당을 뜻하는 두오모라는 이름에는 일상에 지친 사람들에게 위로와 휴식을 주는 공간이 되고 싶다는 마음이 담겨 있다고 해. 그래서인지 신선한 제철 재료를 사용한 음식을 선보이는데, 자극적이지 않으면서도 감칠맛과 풍미를 느낄 수 있어. 고소한 버터넛 스쿼시 크림 파스타, 쫄깃한 감자 뇨끼 등 건강에도 좋고 맛있는 이탈리아 가정식을 경험할 수 있거든. 맛도 맛이지만, 플레이팅과 커트러리에도 정성이 느껴져. 창밖으로는 서촌의 정겨운 골목 풍경이 펼쳐지고 눈이 닿는 모든 곳에서 영감을 얻을 수 있는 곳이지. 오랜 시간이 흘렀음에도 여전히 많은 사람에게 두오모가 사랑받는 이유야.

📍 서울 종로구 자하문로16길 5 1층
🕐 화~토 12:00~21:00, 브레이크 타임 15:00~18:00 / 일, 월 휴무
📷 hyojadongduomo

- 방문 전 예약은 필수야.
- 계절마다 바뀌는 메뉴인 '오늘의 메뉴'를 추천해. 식전 빵과 오일의 조합이 아주 환상적이니까 꼭 먹어보기!
- 주문한 음식을 기다리며 혹은 식사가 끝난 뒤에 책장에서 책 한 권을 선택해 읽어보자. 주인장이 고심해서 모아둔 책들이라고 해.

이름이 곧 정체성인

풍류

📍 서울 종로구 필운대로5나길
   20-12 1층
🕐 화~목 11:00~20:30 /
   금, 토 11:00~21:00 /
   일 11:00~20:00 /
   월 휴무
🐾 반려동물 동반 가능

종로에 가면 새로운 한옥 카페를 찾아다니는 게 취미인데, 나만 가고 싶은 장소를 발견했거든. '유명해져! 아니, 유명해지지 마!'를 반복하며 서촌에 갈 때마다 방문했는데 어느새 블루리본에도 연속으로 선정되고, 많은 사람에게 사랑받는 곳이 되었어. 좋아하는 건 널리 널리 알려야 사라지지 않는다는 말을 들어본 적 있어? 사라지지 않길 바라는 마음으로, 풍류를 소개할게. 음악과 운치, 멋들어지게 노는 일을 '풍류風流'라고 하잖아. 이곳은 이름처럼, 공간이 주는 분위기를 오롯이 즐기며 평온한 시간을 보낼 수 있는 장소야. 건물과 대나무의 조화는 바라보기만 해도 멋스럽다는 말이 절로 나오지. 전시 관람으로 얻은 영감을 되새기며 휴식을 취하기 딱 좋은 곳이기도 해. 한국의 멋과 맛을 느낄 수 있는 이곳에서는 무명, 녹음, 광야, 설원, 홍매 등 문학적인 이름의 독특한 음료를 판매하고 있어. 커피부터 차, 칵테일, 하이볼 등 종류가 다양하고 디저트 또한 너무 달지만은 않아서 누구나 만족할 수 있을 거야.

• 공영주차장을 이용하길 추천해.
• 시즌 메뉴는 방문 전 재고를 확인하는 게 좋아.

그저 바라만 보지 말아요

아트
선재센터

📍 서울특별시 종로구
　 율곡로3길 87
🕐 화~일 12:00~19:00 /
　 월 휴무
🔗 artsonje.org

아트선재센터는 관람객이 노력하지 않아도 전시에 몰입할 수 있는 곳이야. 이곳은 지하 1층부터 3층까지 다양한 크기의 전시장과 아트홀, 내부 정원과 옥상 정원 등 다채로운 공간 구성으로 각기 다른 분위기와 감각을 느낄 수 있게 설계되어 있어. 아트선재센터의 매력은 바로, 완성된 작품을 그저 전시만 하는 게 아니라 예술가들의 창작 과정과 실험을 지원하고 관람객과 소통할 수 있도록 계기를 만들어준다는 점이야. 각 전시마다 작가와의 대화, 낭독회, 퍼포먼스, 강연 등 다양한 전시 연계 프로그램을 진행하거든. 게다가 해설을 배우는 도슨트 학교도 운영하고, 예술 뉴스레터도 발행하고 있어. 관람객이 주어진 정보를 수동적으로 받아들이는 구조가 아니라, 난해하다고 느낄 수 있는 현대미술을 나만의 관점으로 해석할 수 있게 코어를 키워주는 공간이야. 예술적 사고를 자극하면서 확장시켜주기 때문에 심리적 거리감이 보다 가까워지는 걸 경험할 수 있어.

* 도보 5분 거리에 그랑핸드 소격점이 있어.
  향을 좋아한다면 들러보길 추천해.
* 도슨트 프로그램이 잘되어 있으니 꼭 이용하길 바라.

낮과 밤이 다른 매력의 소유자

헤리티지
클럽

요즘 뜨는 서순라길의 헤리티지클럽은 조용한 시간을 바라며 찾아오는 사람들을 위한 공간이야. 한옥을 개조한 곳으로 낮에는 카페, 밤에는 바로 운영되는데 천장이 유리로 되어 있어. 덕분에 낮에는 따사로운 햇살을 받으며 커피를, 밤에는 운치 있는 분위기에서 와인과 위스키를 즐길 수 있지. 다양한 종류의 커피, 차, 칵테일, 위스키 그리고 디저트까지 판매하고 있어. 깨끗하고 편한 곳에 앉아서 예쁜 서순라길의 풍경을 감상하며 위스키를 마실 수 있다니! 게다가 밤하늘까지 바라볼 수 있으니까 생각만 해도 낭만적이지 않아? 분위기에 취해 홀짝홀짝 나도 모르게 잔을 비워버릴 수 있으니 주의하기! 음료와 주류 외에도 헤리티지클럽에서 사랑받는 건 바로 디저트! 영국 클로티드 크림과 잼을 함께 주는 플레인 스콘 세트와 당근 케이크가 그렇게 맛있다고 해. 시끄럽지 않은 바에서 하루 동안 충전한 영감과 감성을 되새기고 싶다면, 이곳을 기억해줘.

📍 서울 종로구 서순라길 75
🕐 매일 12:00~23:00
📷 heritage_clubb

인스타그램과 네이버 지도를 통해 운영 시간과 휴무를 공지하고 있으니 방문 전 꼭 확인하기!

서순라길의 특색 있는 바를 찾는다면

'서울집시'는 서순라길의 터줏대감이라고 할 수 있는 곳이야. 자체 양조장을 운영해 다양한 맥주를 출시해. 웨이팅 많으니 낮에 방문하는 걸 추천해.

취향에 맞는 전시를 더 찾고 싶다면

종로구립 '박노수미술관'에서는 박노수 화백의 기증 작품과 소장품 컬렉션 1,000여 점을 감상할 수 있어.

추억에 남을 독특한 곳에 가보고 싶다면

'파이키'는 전통주를 마시며 책을 읽을 수 있는 북카페야. 독특한 책이 많으니 취향에 맞는 문장을 발견해봐.

서순라길을 감상하며 차를 마시고 싶다면

한옥 카페 '카페사사'에서는 2층 테라스에서 돌담 뷰를 즐길 수 있어. 구운 가래떡에 조청을 얹어 식혜나 수정과와 함께 곁들이는 한상차림 세트를 추천해.

한국에서
세계여행

서울 용산

해외여행은 먼 세상 이야기 같을 때,
비행기를 타지 않아도 서울에서 세계 각국으로 여행을 떠날
수 있어. '여기가 한국이 맞나?' 싶을 정도로 이국적인 곳들로
리스트를 채웠어. 눈과 입이 즐거운 지구 한 바퀴 코스!
두 손 가볍게 세계일주를 떠나보자.

걸어서
지구 한 바퀴 여행하기

흉내가 아닌 진짜 현지의 맛과 멋을
그대로 옮겨놓은 코스야.
가볍게 가방 하나만 챙겨 뚜벅뚜벅 출발해볼까?

미국 드라마 속에
들어온 것 같은

용산공원 - 장교숙소 5단지

🔍 서울특별시 용산구
서빙고로 221
🕐 화~일 9:00~18:00 /
입장 마감 17:00 / 월 휴무
📞 www.park.go.kr
🐾 반려동물 동반 가능

서울 한가운데에 위치해 있지만, 정작 한국인은
100여 년간 밟을 수 없었던 땅이 있어. 바로 용산공원
미군기지야. 미군기지가 평택으로 옮겨 가면서 이
거대한 부지가 비워졌는데, 이 중 장교숙소 5단지는 미국
드라마에 나올 법한 이국적인 분위기로 많은 사람이 찾는
사진 스폿이 되었어. 붉은 벽돌 주택과 푸른 잔디밭,
곳곳의 표지판들이 외국에 온 것만 같아. 중간중간에
이곳이 품고 있는 역사를 알 수 있는 상징적인 공간들도
있어서 구석구석 살펴보며 알아가는 재미도 있지. 별도
건물로 마련된 전시 공간에는 용산공원의 조성도와
영상자료 등 각종 안내자료가 모여 있으니 더 자세히 알고
싶다면 관람해보는 걸 추천해. 목련이 피는 초봄에는 사진
찍기 더 예뻐 사람들이 많이 찾는 곳이야. 날씨 좋은 날에
이국적인 풍경 속을 거닐며 붉은 벽돌집을 배경으로 멋진
사진을 남겨보자.

대중교통을 추천하고, 자차를 이용한다면 용산가족공원
주차장을 이용하는 것을 추천해.

154

레몬 천국 이탈리아
포지타노를 옮겨온 곳

쇼니노

📍 서울 용산구 한강대로21길
   17-18 1층
🕐 매일 10:00~22:00,
   브레이크 타임
   16:00~18:00
📷 shawnino_trattoria
🐾 반려동물 동반 가능

서울 한복판에 숨겨진 리틀 이탈리아, 쇼니노를 소개할게.
높은 빌딩이 많은 용산 어느 뒷골목 깊숙한 곳에는 노란색
외관과 지중해풍의 시원한 파란색 대문의 가게가 있어.
안으로 들어가면 상큼한 레몬 향이 코를 스치고 내부는
온통 레몬 천국이야. 천장의 커다란 유리창으로는
자연광이 쏟아져 들어와 시원한 개방감과 이국적인 멋을
자랑하지. 쇼니노에서 씨푸드 오일 파스타는 꼭 주문해야
하는 시그니처 메뉴인데, 오징어, 새우, 바지락 등 신선한
해산물이 듬뿍 올라가고 밑에는 레몬이 깔려 있어 레몬의
향긋함과 올리브 오일의 조합이 일품이지. 또 다른 메인
메뉴는 바로 레몬 버터 치킨! 얇게 썬 감자와 구운 레몬,
잘 익은 아스파라거스와 생레몬을 곁들인 닭요리야.
버터소스가 잘 스며든 닭에 레몬을 뿌려 먹으면 상큼함과
담백함이 어우러져 풍미가 엄청나. 식사 후엔 후식으로
레몬 사탕까지. 레몬으로 시작해 레몬으로 끝나는
쇼니노에서 이탈리아 여행을 즐겨볼까?

인기가 많은 곳이니, 캐치테이블로 예약 필수!

현지인이 튀겨 주는
전통 도넛이 있는

NEW IBERIA

📍 서울 용산구 백범로 330-1 1층
🕐 수~월 10:00~19:00 / 화 휴무
📷 newiberiacafe
🐾 반려동물 동반 가능

카페 이름인 뉴이베리아는 미국 루이지애나 주에 있는 도시 이름 중 하나로, 외국인 사장님이 살던 곳이라고 해. 우드톤으로 꾸민 내부 곳곳에는 다양한 소품들이 걸려 있어 마치 미국 산장 같은 분위기지. 카페 인스타그램에서는 종종 노래 부르는 사장님을 볼 수 있는데, 스페셜 메뉴에 사장님의 음반 CD가 있는 유쾌한 곳이기도 해. 이곳의 대표 디저트는 '베녜'로, 미국 루이지애나 주의 전통 도넛이야. 정사각형 모양의 튀긴 도넛 위에 슈거파우더를 뿌려낸 달콤한 디저트인데, 초코 시럽을 추가해 찍어먹어도 좋아. 바로 튀겨내 느끼하지 않고 담백한 달달함이라고. 또 다른 이색적인 메뉴는 바로 치커리 뿌리 커피야. 커피와 치커리는 떠올리기 힘든 조합이지만 생각보다 치커리 향이 세지 않고, 끝에만 살짝 나서 오히려 달달한 디저트와 더 잘 어울린다는 후기가 많아. 유쾌한 사장님과 달달한 디저트, 산미 있는 커피가 기다리는 이국적인 이곳에서 가볍게 당 충전 어때?

달달한 디저트를 좋아하지 않는다면 초코 시럽 없이 먹어도 충분해.

먼 나라
이웃 나라에서 온 물건들

이태원
앤티크
가구 거리

이태원에는 이국적인 분위기를 만끽할 수 있는 앤티크 가구 거리가 있어. 이곳은 1960년대 인근 미군 부대 군인들이 본국으로 귀환하면서 가구를 내놓으며 시작되었지. 지금은 100여 개의 앤티크 가구 및 빈티지 소품 판매 매장들이 A구역부터 D구역까지 구획을 나누어 골목골목에 빼곡히 있는데, 걷다 보면 마치 유럽의 중세 도시 골목을 거니는 듯한 이국적인 풍경들이 펼쳐져. 영국 귀족의 응접실에 온 듯한 클래식한 가구부터 화려한 보헤미안 스타일의 소품까지! 아시아, 유럽, 미주 등 세계 각지의 진귀한 앤티크 가구와 소품들이 있고, 그 종류도 시계, 찻잔, 장신구 등 다양해 구경하는 재미가 쏠쏠해. 앤티크 가구 거리에서는 종종 다양한 축제와 플리마켓이 운영되는데, 특히 매년 10월 열리는 '앤티크 페스티벌'과 매 주말에 하는 '벼룩시장'은 마니아층에게 정말 인기가 많아. 먼 나라, 먼 과거에서 누군가의 손을 거치고 온 물건들을 보다 보면 마음에 쏙 드는 것을 찾을지도 몰라.

📍 이태원역 3, 4번 출구 사이 큰 길부터 골목까지
🕐 매장별 상이, 대부분 18시쯤 닫음
🌐 itaewon antique.com
🐾 반려동물 동반 가능

페스티벌은 보통 봄과 가을에 한 번씩 열리는데, 자세한 사항은 사이트의 '축제 및 소식' 탭에서 알 수 있어.

한국보다 외국에 가까운 이곳

C○ley

녹사평역에서 경리단길로 가는 길가에 있는 2층짜리 칵테일 바야. 서울 속의 작은 외국 같은 이곳은 흥겨운 노래가 흘러나오고, 생기 있고 활기찬 분위기야. 아지트처럼 찾는 외국인 단골손님도 많아 정겹고 행복한 에너지로 가득 찬 곳이지. 특이한 점은 메뉴판이 따로 없다는 것! 원하는 스타일의 칵테일을 말하면 그대로 만들어주는 시스템이야. 처음 방문하면 당황스러울 수 있으니, 나의 칵테일 취향을 미리 생각해보고 가는 것을 추천해. 꼭 구체적인 이름이 없어도, 원하는 느낌 혹은 맛, 당도, 도수 등을 설명하면 알맞게 커스텀 칵테일을 제조해주니 걱정하지 않아도 돼. 어떤 술이 나올지 기대하는 즐거움은 덤이야. 오늘의 메뉴로 안주가 매번 달라지는데, 피자, 미트볼, 감자튀김 등 술과 함께 먹기 좋은 메뉴들이 있으니 1차로 가볍게 먹고 싶을 때 혹은 2차로 가기 좋아. 매번 나오는 메뉴는 아니지만 피자 맛집으로도 유명하다고. 외국 분위기를 제대로 느끼고 싶다면 콜리를 찾자.

📍 서울 용산구 녹사평대로 214 1층, 2층
🕐 매일 19:30~03:00
📷 coley_bar
👶 유아 동반 불가

가격은 상이하지만 대체로 한 잔에 1만 원 대 후반이야.

스페인 요리를 먹고 싶다면

'타파코파'의 지하로 내려가면 큰 원형 테이블과 벽화가 마치
유럽의 수도원에 온 것 같은 분위기를 자아내. 스페인 요리의
정수라고 할 수 있는 뿔뽀와 꿀대구 요리를 꼭 시켜 먹어봐.

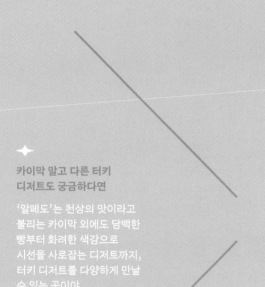

가깝지만 먼 곳,
홍콩으로 떠나고 싶다면

'로스트인홍콩'에 들러봐. 간판도
한자, 매장에 걸린 액자에도
한자. 한글을 찾기가 더 어려운
이곳에서는 다양한 홍콩 요리와
음료를 맛볼 수 있어. 영화
〈중경삼림〉을 봤다면 그 느낌을
떠올리며 방문해보는 것도
재밌을 거야.

카이막 말고 다른 터키
디저트도 궁금하다면

'알페도'는 천상의 맛이라고
불리는 카이막 외에도 담백한
빵부터 화려한 색감으로
시선을 사로잡는 디저트까지,
터키 디저트를 다양하게 만날
수 있는 곳이야.

햇살 좋은 날 프랑스 음식이 먹고 싶다면

'메종루블랑'은 조용한 용리단길 골목 사이,
르 꼬르동 블루 출신 셰프가 하는 프랑스
음식점이야. 채광이 좋아 낮에 가면 햇살
샤워를 할 수 있어.

이국적인 음식 중에서도 낯선 모로코 음식이 궁금하다면

인테리어부터 소품, 식기까지 익숙하지 않아 더 색다른 모로코
문화를 그대로 옮겨놓은 '모로코코'에서는 레몬 치킨 타진,
양고기 타진을 추천해.

159

PLACE

음악 시야를
넓히는

서울 강남

좋은 음악을 좋은 음향으로 즐기는 건 생각 이상으로 멋진
경험이야. 마치 나만을 위해 준비된 공연장에서 듣는
것처럼 몰입할 수 있지. 늘 듣던 플레이리스트에서 벗어나
무궁무진한 음악의 세계로 시야를 넓혀보자. 시대를 막론하고
사랑받는 노래부터 내 옆에 있는 누군가의 취향이 묻어 있는
노래까지, 하루 종일 귀를 호강시켜줄 코스를 소개할게.

시대를 넘나드는 음악의 세계에
퐁당 빠져보기

100년 넘은 역사 깊은 스피커부터 음질이 튀는
소리마저 분위기 있는 LP 플레이어까지,
음악을 다채롭게 즐겨보자.

소리에 집중해보며

오디움

바른 소리, 좋은 소리를 뜻하는 '정음'을 탐구하는 오디오 전문 박물관이야. 일본의 유명한 건축가인 구마 겐고가 디자인해 공간 자체도 멋있지. 높은 층고로 더욱 웅장하게 느껴지는 이곳에서 다양한 오디오들을 통해 소리의 여정을 따라가보자. 150년 동안 오디오가 어떻게 발전해왔는지, 실제 시대별 오디오들을 보면서 알 수 있어. 오디오 전문가를 따라 천천히 전시를 둘러보면 그 역사에 빠져들게 될 거야. 사람의 키보다도 높은 스피커부터, 처음 보는 형태의 희귀한 스피커까지. 중간중간 이 귀한 오디오들을 실제로 체험도 할 수 있어. 클래식, 재즈, 한국 가요 등 다양한 음악을 100살이 훌쩍 넘는 오래된 스피커의 중후함을 느끼며 함께 청음해보는 거야. 스피커뿐만 아니라 오르골, 축음기 등도 전시되어 있는데, '스피커'가 아닌 정말 '소리' 본연에 집중하는 곳임을 보여줘. 평소 좋은 곳에서 좋은 오디오로 음악 듣기를 좋아했다면, 이곳은 놀라움의 연속일 거야!

📍 서울 서초구 헌릉로8길 6
🕐 목~토 10:00~17:00 /
   일~수 휴무
📷 audeummuseum
🎫 14세 이상 청소년부터 이용
   가능

관람 예약은 오디움 홈페이지의 '예약하기' 탭에서 할 수 있어.

나폴리식 피자를 만날 수 있는

도셰프

📍 서울 서초구 강남대로89길 14

🕐 매일 11:30~22:00, 브레이크 타임 15:00~17:00

📷 dochi_pz

모든 것이 빠르게 변하는 강남 한복판에서 오랫동안 자리를 지켜온, 세월이 느껴지는 빈티지한 인테리어의 이탈리안 식당이야. 서울 5대 화덕피자라는 명성을 갖고 있는 만큼 주방에는 커다란 화덕이 있고, 오픈 주방이라서 피자가 만들어지는 과정을 구경할 수도 있어. 겉은 바삭하고 속은 쫄깃한 도우를 화덕에서 구워내는데, 테두리 부분도 남김없이 먹을 정도로 맛있다고. 화덕피자와 함께 이곳에서 꼭 시켜야 하는 메뉴는 감베리 크레마. 부드러운 특제 크림소스에 모차렐라를 잔뜩 얹은 파스타인데, 크림소스에 매콤한 맛이 가미되어 느끼하지 않아. 자꾸 손이 가는 파스타라서 꼭 먹어보길 바라. 식감 좋은 쇼트 파스타면을 넣고, 냄비째로 화덕에서 익히니 더 풍미 있는 맛! 브런치로도 좋고, 분위기 있는 저녁 식사로도 좋아.

클래식의 세계와 마주하는

풍월당

📍 서울 강남구 도산대로53길
39 신사동 C/K빌딩
🕐 월~토 12:00~20:00 /
일 휴무
🚫 아이 동반 불가

2003년에 레코드 가게로 시작한 아주 오래된 음반
가게야. 주로 클래식 음악과 오페라를 테마로 한 음반들을
판매하는데, 그 수가 무려 1만 장이 넘는다고. 음반뿐만
아니라 클래식 음악으로 유명한 베를린, 뮌헨, 빈 같은
나라의 여행 가이드, 음악가들이 쓴 에세이, 오페라
대본집 등이 있을 정도로 클래식에 진심인 이곳. 클래식을
사랑한다면 머무르는 동안 시간 가는 줄 모를 거야.
풍월당은 20년이 넘는 세월 동안 클래식 애호가들의
사랑방으로 거듭났어. 단순히 음반 매장이라고
표현하기엔 그 이상인 곳이지. 클래식이 주인공인 문화
살롱 같다고 할까. 음악 구독 서비스, 음악 강의, 음악
관련 영화 관람 등 음악을 접목시킨 다양한 이벤트들을
끊임없이 기획하고 있어. 2023년에는 오픈 20주년을
맞이해 직접 레코드를 제작하고 발매까지 했대. 클래식의
세계에 눈을 뜨고 싶거나 네가 알던 클래식 세계를 더
넓히고 싶다면 이곳을 방문해봐.

🍴 영화 〈아메리칸 셰프〉 속
샌드위치

탬파

📍 서울 강남구 언주로168길 5
1층
🕐 매일 11:30~21:00,
브레이크 타임
15:30~17:00,
라스트 오더 20:00
🐾 반려동물 동반 가능

영화 〈아메리칸 셰프〉에서도 소개됐던 미국 플로리다의
대표 샌드위치, 쿠반 샌드위치를 먹을 수 있는 곳이야.
쿠반 샌드위치는 고기를 소스에 숙성시키고 3시간 동안
구워 빵 속에 넣은 다음, 파니니처럼 납작하게 눌러 굽는
샌드위치라고 해. 탬파의 쿠반 샌드위치는 현지에서
먹었던 그 맛 그대로라는 평이 자자하지. 채도 높은
노란색과 파란색으로 꾸며진 이곳은 플로리다 해안가에
놀러온 것 같은 통통 튀는 분위기야. 분위기처럼 이곳의
메뉴들도 강렬하고 다채로워. 쿠반 샌드위치 외에도 필리
치즈 스테이크도 추천해. 알맞게 기름져 자꾸만 입맛을
다시게 되는 수제 햄버거 같은 맛이라고. 육즙 가득한 정통
미국식 샌드위치에 시원한 맥주, 바삭한 감자튀김까지
먹어보면 금방 행복해질걸?

✦

스리라차소스를 곁들이거나, 김치 시즈닝을 뿌려 먹으면
느끼함이 덜하고 색다른 맛을 즐길 수 있다고 해.

고풍스러운 음악 아지트

몽크투바흐

늘 붐비는 압구정에서 나만의 음악 아지트에 온 것처럼 조용하게 머무를 수 있는 음악 감상 바야. 클래식하고 고풍스러운 감성이 있는 공간이지. 클래식부터 재즈, 팝까지 다양한 장르를 아우르는 CD 컬렉션이 벽면을 빼곡히 메우고 있어 '여기는 진짜다!'라는 생각이 들 거야. 메뉴판과 함께 주는 포스트잇에 신청곡을 적어서 내면 틀어주는데, 간혹 LP가 없는 노래라면 음원으로 틀어줘. 레트로한 공간이지만 클래식, 재즈뿐만 아니라 최신 노래까지 모두 틀어주니 걱정하지 않아도 돼. 심지어 요즘 SNS에서 유행하는 노래도 종종 틀어준다는 후문. 좋아하는 노래를 색다른 공간에서 들으면 그 느낌도 사뭇 다를 거야. 다른 사람의 신청곡도 들어보면서 몰랐던 내 취향을 발견할지도 몰라. 매주 토요일에는 주제가 있는 음악을 들어보는 음악감상회가 열리고, 블로그에서 신청할 수 있어.

- 📍 서울 강남구 도산대로27길 21 2층
- 🕐 매일 19:00~01:00 / 매달 셋째 일 휴무
- 🌐 blog.naver.com/monkba
- 🚫 아이 동반 불가

치즈, 견과류 등 간단한 기본 안주는 제공되지만, 식사 메뉴는 따로 없고 대신 다양한 주류가 있으니 저녁 식사 후에 방문하는 것을 추천해.

음악의 여운을 안고 분위기 좋은 식당을 가고 싶다면

'쿠촐로테라짜'는 유럽풍 테라스와 분위기 있는 실내에서 식사할
수 있는 이탈리안 식당이야. 생면 파스타가 특히 맛있는 곳.
기념일이나 소중한 날 가기에도 좋을 거야.

북적이는 강남역에서 차분히
재즈를 즐기고 싶다면

'플랫나인'은 모던한
분위기 속에서 재즈의 멋에
흠뻑 빠질 수 있는 재즈
바야. 요거트 칵테일, 감귤
칵테일 등 색다르고 눈이
즐거워지는 아홉 가지
시그니처 칵테일이 있어.

양재천 따라 걷다가 음악을 들으며
한잔 곁들이고 싶다면

'크로스비'는 양재천 바로 앞에 있는
재즈 바야. 연주자와 관객석 사이의
경계선이 따로 없어 다 같이 음악을
즐기는 느낌이 나는 곳이지. 지하에는
아주 크게 와인숍도 있다고.

정갈한 한식 코스를 즐기고 싶다면

깔끔하고 정갈한 한식이 코스로 나오고, 맛있는 전통주와 페어링할 수
있는 '디히랑'을 추천해. 좋은 재료로 계절마다 다른 메뉴를 만들고
있어. 부모님을 모시고 가기에도 좋아.

트렌디한 분위기의 다이닝 바가 궁금하다면

'마일드하이클럽'은 낮에는 브런치와 커피,
밤에는 다이닝 메뉴와 술을 즐길 수 있는
곳이야. 금요일과 주말 저녁에는 DJ 공연도
종종 있다고. 평소에도 선곡이 좋기로
유명하니 분위기를 즐기러 가봐.

PLACE

영화의 세계에
더 깊이 들어가고 싶어

강원 강릉

누군가의 인생 영화를 알면 그 사람을
읽어낼 수 있다는 말도 있잖아. 어쩌면 이곳에서
나의 인생 영화를 만나게 될지도 몰라. 강릉 하면 바다 여행을
떠올리는 경우가 많지만, 사실 영화에 깊게 빠질 수 있는
지역이기도 하거든. 특히 단편이나 독립영화 말이야.
다양한 장르와, 다채로운 주제를 만나는 특별한 곳.
나의 시야를 넓혀주는 강릉 여행 코스를 소개할게.

영화 속으로 떠나는
강릉의 매력

마치 내가 영화 속 주인공이 된 것처럼
다양한 인생을 마주하고 몰입해보는 색다른
경험을 제안할게.

시도하고 반하고
향유하는 모든 시간

이스트씨네

📍 강원 강릉시 강동면 헌화로
973 1층
🕐 목~월 일출 시간~18:00,
브레이크 타임
11:00~13:00 /
화, 수 휴무
📷 eastcine_bookshop
🐾 반려동물 동반 가능

숙소이자 영화관이면서 취향과 이야기를 공유하는
사교모임의 장이기도 하고 독립서점인 이곳.
하루를 영화로 시작해서 영화로 닫을 수 있는 공간,
이스트씨네야. 이곳은 독특하게도 일출 시간에 맞춰
매장을 오픈해. 통밀빵과 올리브 치아바타에 차나
커피를 곁들여 간단히 끼니를 때울 수도 있어서 이른
시간에 들르기 좋지. 이스트씨네에는 영화를 너무
사랑해서 단편영화까지 제작한 서점지기가 큐레이션하는
프로그램이 있거든. 방문객들이 더 다양한 장르의
독립영화들과 친해지는 계기를 만들어주는 거지.
독립영화 상영회 '인디썬데이'도 그중 하나이지만,
'이스트씨네에서 아침을'이 유독 특별해. 우선 아침
10시에 서점에서 단편영화를 본 뒤, 따뜻한 차와 비건
빵으로 간단한 식사를 해. 그리곤 영화에 대한 감상을
나누며 보다 깊고 넓게 영화를 즐기는 거야.

- 이스트씨네는 일출 시간에 따라 오픈 시간이 달라지니
  인스타그램을 꼭 확인해줘.
- 서점 앞 도로 건너편과 위쪽 공영주차장에 주차할 수 있어.
- 숙박 예약은 약 두 달 전에 열리니 블로그와 인스타그램에서
  공지를 확인하자. 숙박 시 연박 할인이 적용되고, 체크인
  전이나 체크아웃 후에도 짐을 보관할 수 있어.

누군가에겐
강릉을 찾는 이유인 곳

해미가

바다도 보고 영화에 대한 감상도 나누면서 영혼을 포동포동 살찌웠다면, 이제 남은 일정을 소화하기 위해 에너지를 가득 충전할 차례야. 열심히 생각하고 탐구하는 것도 기운을 쓰는 일이기 때문에 분명 배가 고플 테니까 말이야. 해미가는 광어회로만 요리하는 물회 전문 횟집이야. 바다에 왔으니, 회를 먹어줘야겠지? 사실, 해미가는 관광객과 로컬 주민 모두에게 사랑받는 곳답게 웨이팅이 있는 편이야. 감칠맛 나는 물회부터 깔끔한 미역국, 바삭한 전, 칼칼한 매운탕까지, 대기하는 시간이 아깝지 않을 정도로 맛있다고. 물회 전문이라는 말이 무색하지 않은 곳이니, 싱싱한 회가 푸짐하게 담긴 물회에 소면까지 넣어 호로록 먹어봐. 고기와 냉면을 함께 먹듯, 물회에 전을 곁들여도 궁합이 환상이야. 입에 착 붙는 새콤달콤한 맛에 짜릿한 기분이 들 거야. 광어뼈로 육수를 내 만든 어죽도 해미가의 별미이지만, 처음 방문한다면 꼭 물회를 주문하길 바라!

📍 강원 강릉시 솔올로 103
🕐 월~목 10:00~17:00,
   라스트 오더 16:00 /
   금, 토 10:00~21:00,
   라스트 오더 20:00 /
   일 휴무

● 광어회 2인 주문 시 미역국, 전, 매운탕, 공깃밥이 제공돼.
● 웨이팅이 싫다면 방문 전에 예약하고 가는 걸 추천해.
● 주차가 어려운 공간이니 대중교통을 이용하는 게 좋아.

하나부터 열까지
나의 취향을 담는

브레드브레드
바나나

📍 강원 강릉시 임영로 142-1
1층
🕐 수~월 11:30~18:00 /
화 휴무
📷 breadbreadbanana
🐾 반려동물 동반 가능

영화를 감상한 후에는 새롭게 느낀 것들과 흐릿한 생각들을 기록하는 시간이 필요할 거야. 어떤 기억은 선이 불분명해서 나의 감정이었는지 혹은 타인의 것이었는지 헷갈리기 마련이거든. 그런 일을 방지할 겸, 여행을 추억할 기념품도 구경할 겸 이름부터 귀여운 이곳으로 가보는 게 어때? 기록을 위한 모든 것을 판매하는 곳! 브레드브레드바나나야. 이곳만의 특별한 점은 합리적인 가격에 표지와 내지를 직접 고르고 제본해 노트를 만들 수 있다는 거야. 세상에 하나뿐인, 나만의 노트를 갖게 되는 거지. 펜이 미끄러지는 느낌, 종이를 넘길 때의 소리 등 오롯이 나의 취향으로만 만들어진 노트에 사각사각 내 감정들을 써 내려갈 수 있다니. 완전히 나를 담아내는 노트가 될지도 몰라. 아마도 글을 적는 내내 행복할 거라는 확신이 들어. 이곳은 가끔 이벤트로 귀여운 바나나빵도 판매해. 강릉의 명주동 카페 거리와도 가까우니 이곳을 들렀다가 구경해도 좋을 거야.

필기구 등 문구를 사랑한다면 필수로 들릴 것!

지극히 사적인 공간에서의
낯선 만남

오래된 구옥을 개조한 상영관이자 강릉에서 제작된
독립영화를 상영해주는 곳, 무명으로 향하자. '어쩌면
우리는 전부 무명'이라는 슬로건을 가진 이곳은, 단편
영화를 제작하는 감독님들과 배우들을 널리 알리기 위해
다양한 작품을 정기적으로 상영한다고 해. 최대 5명의
인원이 관람할 수 있는 아담한 공간 다락방 시네마에서
독립영화를 본 뒤, 따뜻한 차를 마시며 영화에 대한 감상을
나누는 거야. 기억은 휘발성이라 금방 희미해지잖아.
그러니 그저 눈으로 보기만 하는 것이 아니라 어떤 주제를
어떻게 표현했는지 혹은 나에게 어떤 의미로 다가왔는지
각인시키는 거지. 이런 과정을 거치면 기억에 보다
선명하고, 입체적으로 새겨지거든. 그래서 무명은 영화를
만드는 이에게도, 감상하는 이에게도 유의미한 가치를
실현하는 곳이지. '갈까 말까 고민될 땐, 가라'라는 말과
가장 잘 어울리는 공간이라는 후기가 인증하듯, 특별한
시간을 보낼 수 있을 거야.

예약 필수! 방문 전 꼭 예약해줘.

📍 강원 강릉시
   새냉이길27번길 4
🕐 금~화 11:00~18:00 /
   수, 목 휴무
📷 mm_movie

홀리데이
빈티지

📍 강원 강릉시 옥천로 48
동부시장 83호
🕐 매일 12:00~20:00,
라스트 오더 19:00 /
마지막 주 화, 수 휴무
(인스타그램 공지 확인)
📷 holiday_vintage_919
🐾 반려동물 동반 가능

낯선 영화와 운명처럼 만났다면 영화에 몰입하는
여행이 나의 취향이었는지 스스로에게 질문을 던져봐.
생각을 정리하고 집중할 수 있도록 소란스럽지 않은
곳을 소개할게. 잔잔한 인디 음악이 흐르는 아담한 카페
홀리데이 빈티지야. 모든 하루가 휴일이 되길 바란다는
다정스러운 마음을 담은 곳이지. 강릉의 별 보기 명소인
안반데기에서 영감을 받아 만든 안반데기 은하수
에이드와 돌처럼 생긴 독특한 디저트인 몽돌과 백돌이
시그니처 메뉴야. 화강암이 떠오르는 이 무스케이크는
각각 흑임자와 라즈베리 조합 그리고 치즈, 요거트,
블루베리의 조합으로 만들어졌어. 까만 몽돌은 고소
달콤하고, 하얀 백돌은 상큼한 맛이야. 꾸덕한 크림과
고소한 크럼블의 조합으로, 맛과 식감까지 어느 것 하나
지루할 틈이 없어. 달달 꼬숩 꾸덕한 인절미의 맛을 느낄
수 있는 콩크림 라테도 시그니처 메뉴라고 해. 강릉역과
가까워서 당일치기 여행의 마지막 코스나 기차 탑승까지
여유가 있을 때 방문하는 것을 추천해.

근처 공영주차장에 주차하기!

예술적 영감을 더 얻고 싶다면

강원 유일의 독립예술영화 전용관 '신영'에서 심야
영화를 감상하는 거 어때? 이곳엔 강원도의 여름
밤을 책임지고 있는 8월의 정동진 독립영화제를
개최하는 사무국도 있어. 상영 시간표를 꼭 먼저
확인 후 방문하길 바라.

다른 메뉴로 식사하고 싶다면

'포남사골옹심이'는 진한
사골에 쫄깃한 감자 옹심이를
넣은 사골 옹심이가 대표
메뉴! 팥앙금이 잔뜩 들어가
달달한 감자 송편도 추천해.

독특한 메뉴를 맛보고 싶다면

'메밀애감자'에서는 메밀전에 피자 같은 토핑을
올린 갈레트가 인기 메뉴야. 고소 짭짤하면서 꿀에
찍어 먹으면 달콤하기까지 해.

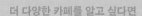

더 다양한 카페를 알고 싶다면

'비사이드그라운드'의 지하는 포스터와 엽서 등을
판매하는 편집숍이고 1~2층은 카페로 운영 돼. 사진
전시회가 열리기도 하니 방문 전 일정을 확인해봐.

제철을
즐기고

#계절 #자연을만끽 #제철음식

싶어

특별한 오늘을 만들고 싶을 때

푸릇한 차밭과
함께하는 '봄' 여행

경남 하동

눈까지 싱그러워지는 푸른 차밭이 넘실거리는 하동.
추운 겨울이 지나고 살랑살랑 봄바람이 불어올 때 그리웠던
초록을 더 가까이에서 즐기러 떠나자.
차밭을 보며 마시는 차 한 잔과 들판이 펼쳐진 촌캉스
숙소까지, 봄을 미리 마중 나가볼까?

향기로운 봄꿀과 찻잎이
함께하는

따뜻한 봄바람이 불어올 때 떠날 수 있는 코스야.
들뜨는 마음을 꼭 붙잡고 하동으로 떠나보자.

초록 물결이 넘실거리는

도심다원

📍 경남 하동군 화개면
　신촌도심길 43-22
🕐 월~금 10:00~17:00 /
　토, 일 10:00~18:00
📷 dosimdawon_official
🐾 반려동물 동반 가능

우리나라 최고령인 천년 차나무가 있는 이곳은 하동에 간다면 꼭 가야 하는 필수 코스야. 이곳의 백미는 야외 정자에서 즐기는 차 한 잔의 여유! 녹차, 다기, 간식, 피크닉 매트로 구성된 피크닉 세트를 예약하면 한 시간 동안 야외 정자에 앉아 탁 트인 풍경을 오로지 내 것처럼 즐길 수 있어. 한 시간에 한 팀만 이용 가능하니 더 조용하고 여유로운 시간을 보낼 수 있지. 직접 차를 내리며 봄날의 포근함을 만끽해보자. 차를 내리는 법은 사장님이 친절하게 설명해주니 천천히 따라 하면 돼. 이용 시간이 끝난 후 녹차밭 산책로가 잘 조성되어 있으니 주변의 산세를 감상하며 걸어도 좋아. 곳곳에 휴식 공간도 있으니 벤치에 앉아 가만히 새소리도 들어보는 거야. 산책로 위쪽으로 오르면 도심다원의 전경을 한눈에 담을 수 있는 전망대가 나오는데, 시원하게 펼쳐진 풍경이 정말 아름다워. 눈과 마음이 싱그러워지는 녹차밭으로 지금 떠나자.

◆

정자 외에도 케빈 자리도 예뻐. 이 두 자리는 인기가 많으니 모두 예약 필수!

남녀노소 좋아하는
돈가스를 건강하게

벚꽃경양식
요리하는
아빠

◉ 경남 하동군 화개면 화개로
　18-4 2층
◉ 목~화 11:30~21:00,
　브레이크 타임
　15:00~17:00, 라스트
　오더 20:00 / 수 휴무
◎ dong_gga_s_

추억의 경양식 돈가스를 파는 식당이지만 결코
평범하지만은 않은 곳이야. 벚꽃 돈가스부터 섬진강
봉골레 파스타까지 로컬 색이 짙은 정성스러운 한 끼를
먹을 수 있거든. 여기서는 지리산 흑돼지 등심을 다져
하동녹차로 숙성시킨 돈가스를 만든다고 해. 돈가스도
돈가스지만, 수제로 만든 상큼하고 달달한 소스가
매력이지. 섬진강 봉골레 파스타는 재첩으로 오일을
내어 만드는데, 갓 구운 치아바타 빵도 같이 나와 오일에
찍어 먹으면 정말 맛있어. 부부가 운영하는 이곳은, 식당
이름에서도 느껴지듯이 '내 아이가 먹는다는 생각'을
원칙으로 소스부터 모든 음식을 수제로 만든다고 해.
그만큼 아이부터 어른까지 건강하고 맛있게 먹을 수
있을 거야. 계단을 올라가면 루프탑도 있으니, 포근한 봄
날씨에 방문한다면 야외에서 식사해보는 것도 좋아.

산 중턱의 소박한 찻집

차마실

쌍계사 십리벚꽃길을 드라이브하다 보면 나오는 산 중턱에 있는 소박한 찻집이야. 들어가면 사방으로 뚫려 있는 창을 가득 채운 초록에 감탄하게 되지. 푸른 녹차밭을 가까이에서 볼 수 있는 창가자리에 앉아 풍경을 구경하면 시간 가는 줄 모를 거야. 녹차밭 아래로 흐르는 화개천, 졸졸 흐르는 계곡 소리 모두 평화로워. 근처 대형 카페들에 비해 사람이 많지 않아 조용하고 한적하게 즐길 수 있다는 점이 장점이지. 한지에 손수 글씨를 적어 만든 메뉴판처럼 세련된 멋보다는 정겹고 구수한 멋이 있는 이곳은 하동답게 녹차는 물론, 다양한 수제차와 달달한 음료 그리고 옛날 빙수도 팔고 있어. 찻잎과 즙, 원액 등 각종 건강 차 재료들도 판매하고 있어 어르신들을 모시고 와도 좋아.

경남 하동군 화개면 화개로 370

매일 09:00~21:00

jirim.modoo.at

여기가 정말 한국이라고?

삼성궁

경남 하동군 청암면
삼성궁길 86-15

4~11월
매일 08:30~17:00
12~3월
매일 08:30~16:30

지리산 자락에 위치한 삼성궁에는 청정 자연과 이국적인 풍경이 어우러져 있어. 이곳은 환인, 환웅, 단군을 모시는 성전으로 우리나라 단군 신화가 녹아 있는 신비롭고 아름다운 곳이지. 삼성궁 자체도 멋지지만 올라가는 길도 아름다워. 이 길에는 1,500여 개의 돌탑이 있는데 그 모습이 마치 숲속의 작은 마을 같기도 하지. 그 시대에 어떻게 이 많은 돌을 옮기고 쌓았을까, 생각하면 정말 경이롭고 다른 세상에 들어온 것만 같아. 돌탑 사이로 난 오솔길을 천천히 걸으며 봄바람을 느껴보자. 가을에 오면 이 길이 단풍으로 아름답게 물든다고 하니, 가을 여행으로도 좋을 거야. 정상에 오르면 넓은 에메랄드 빛 호수와 고대로 시간 여행을 떠난 것 같은 웅장한 마고성이 눈앞에 펼쳐져. 한국에서는 쉽게 볼 수 없는 신비롭고 독특한 풍경이라는 후기가 자자해. 맑은 계곡과 폭포도 있으니 자연이 만들어낸 절경들을 하나씩 눈에 담아봐.

◆

오르막길, 돌길이 많아 꼭 운동화를 신고 가야 해.

수채화 속에 담겨 있는 집

평사리의
그집

📍 경남 하동군 악양면
평사리길 7-27

🕐 체크인 15:00 /
체크아웃 11:00

📞 www.airbnb.co.kr/
rooms/45320584

촌캉스라고 하면 무릇 불편함은 어느 정도 감수해야
한다는 생각을 하게 되지만 이곳은 그렇지 않지! 외관은
시골 황토방이지만, 깔끔한 내부에 없는 게 없어 몸만 와도
되는 곳이야. 4인 숙소인 본채와 2인 숙소인 별채(황토방)
두 곳이 있는데, 빨랫줄에 널려 있는 이불로 공간을 분리한
것도 정겨운 부분이지. 드넓은 평사리 들판이 펼쳐진 숙소
앞의 풍경은 도시에서의 스트레스를 날려줄 거야. 침실
앞 툇마루에 앉아 도란도란 시간을 보내고, 흔들의자에
앉아 광합성을 하는 것도 좋아. 한 폭의 수채화 같은 주변
풍경을 만끽하면서 말이야. 또 식사를 하는 공간에는
좌우로 탁 트인 창이 있고 그 너머로 푸른 숲이 보여 식사
시간도 행복해져. 도보 5분 거리에 버스 정류장이 있어
개인 차량 없이 오는 뚜벅이 여행자들에게도 최적인 이곳.
풀벌레 소리를 들으며 유유자적한 전원생활을 즐겨볼까?

그리들과 가스버너를 무료로 대여해주니, 바비큐를
원한다면 마트에서 미리 고기를 사오는 걸 추천해. 숯과 철망을
미리 준비해오면 숯불 바비큐도 가능!

184

풍경을 바라보며 차 한잔 마시고 싶다면

'메암제다원'은 고즈넉한 목조 건물의 마루에 앉아 바라보는
지리산의 풍경, 연둣빛 차밭과 향긋한 차의 향이 느껴져 운치 있는
곳이야. 하동에 있는 녹차밭 중 가장 인기 있는 곳이라고.

벚꽃 시즌에 여행한다면

'하동십리벚꽃길'은 화개
공영버스터미널에서 쌍계사에
이르는 길인데, 양쪽으로 벚꽃잎이
만개한 벚나무가 터널을 이루고
있어. 벚꽃잎이 눈처럼 흩날리는
이곳은 연인이 함께 걸으면
영원히 헤어지지 않는다고 하여
혼례길이라고도 불린대.

봄의 맛을 느끼고 싶다면

'최참판댁부부송밀면'은 직접
뽑은 생면으로 만든 요리가 맛있는
로컬 맛집이야. 최참판댁, 동정호
등 대표 명소와도 가까워 코스로
가기 좋아. 봄에 방문한다면
제철 봄나물전도 시켜 봄의 맛을
느껴보자.

귀엽고 아기자기한 숙소를 원한다면

촌캉스는 가고 싶지만 예쁜 숙소와
편안한 침구를 포기할 수 없다면,
귀여운 엽서의 그림 같은 독채
숙소 '호연가'를 추천해. 목공하는
아버지와 바느질하는 어머니의
손길로 만들어져 더 아기자기한
곳이야.

호젓한 자연 속을 걷고 싶다면

벚나무들이 만들어낸 터널을 지나면 '두 개의 계곡이 만난다'는 뜻을 가진 지리산
'쌍계사'가 등장해. 오랜 역사를 가진 이 사찰은 우리나라 최초로 차 재배에 성공한
곳이라서, 하동이 오늘날 차의 본향으로 유명해진 이유이기도 하지.

'여름' 더위를
날리는 시원한 체험

인천 영종도

여름 하면 바다가 떠오르잖아. 시원한 바다를 그저
바라만 보거나 발을 담가도 너무나 좋겠지만, 무언가 더
특별하고 짜릿하게 즐길 수 있다면 훨씬 행복하지 않을까?
멀리 외국 여행을 떠나지 않아도 충분히 여름과 바다를
만끽할 수 있는 코스를 소개할게. 이대로 여행한다면,
아마 앞으로 내내 여름을 기다리게 될 거야.

여름과
친해지는 여행

비행기를 타야만 설레는 여행이라고
생각했다면 오산!
영종도에서 여름의 매력을 느끼며
잊지 못할 추억을 만들어보자.

따끈한 국물로 뱃길을 열어주자

바다곳간

로컬 주민들도 사랑하는 바다곳간은 신선한 채소와 제철 조개 등의 해산물, 매일 직접 반죽하고 숙성해서 만드는 생면으로 깊은 맛의 칼국수를 선보이는 곳이야. 차지고 쫄깃한 면에 조개 해감도 잘되어 있고, 국물은 바다향이 물씬 느껴지며 개운하지. 끓이다가 조개가 입을 벌리면 조개 먼저 먹고, 그다음 채소와 소고기를 넣은 뒤 칼국수 면을 먹는 게 좋아. 면을 다 먹은 뒤 리소토처럼 부드러운 계란죽으로 마무리하면 속을 데워주며 채워주는 식사 성공! 정갈하고 깨끗해서 어른들 모시고 가기에도 좋고, 칼칼하거나 맵지 않아 아이들도 잘 먹을 수 있어. 게다가 최대 40명까지 수용 가능하고, 테이블 간격이 넓어 편하고 쾌적하게 이용할 수 있지. 매장도 깨끗하고 주차하기 편해서 영종도에 올 때마다 방문한다는 사람들이 많아. 특히 이곳만의 독특한 감자전인 보리새우 아삭전은 꼭 먹어야 하는 메뉴야!

📍 인천 중구 영종진광장로 5
　　다영프라자 2층
🕐 월~금 11:00~21:30 /
　　토, 일 10:00~21:30
📷 bada_gotgan
🪑 유아 의자 구비

● 건물 뒤 주차장 만차 시 반대편 도로의
　공영주차장을 무료로 이용할 수 있어.
● 평일 방문 시 바다가 보이는 창가석은
　미리 예약하는 것을 추천해.
● 근처에 씨사이드 레일바이크가 있으니 즐겨보자.

어떤 이는 영종도의
특산품이라 부르는

자연도
소금빵

📍 인천 중구 은하수로 10
   더테라스프라자 1층
🕐 매일 09:00~22:00
   (빵 소진 시 조기 마감)
📷 saltbread.in.seaside
🐾 반려동물 동반 가능

바다곳간에서 도보 5분이면 도착하는 소금빵 맛집으로
가보자. 오로지 소금빵, 그것도 단 한 가지 종류로만
판매하는 곳! 자연도 소금빵이야. 다른 토핑이나 재료가
추가된 응용 버전이 아니라 정통 소금빵만 판매하고
있지. 버터가 가득 들어가서 진한 풍미를 가진 이곳의
소금빵은 겉은 바삭 속은 촉촉하면서 버터의 느끼함이
살짝 존재감을 뽐내려나 싶을 때 천일염의 짭짤함으로
밸런스를 꽉 잡아주거든. 퀄리티를 위해 하루 생산량이
정해져 있기 때문에, 빵이 소진되면 영업이 종료되는데도
하루에 7,000개나 판매된다고 해. 소금빵은 한 개만
구매하는 건 불가하고 네 개가 한 세트로 판매되는데,
키오스크로 주문한 뒤 받은 교환권을 내고 빵을 받으면
돼. 하루에 여섯 번 갓 구워낸 소금빵을 판매하는데,
가능하다면 갓 나온 따끈따끈한 빵을 구매해서 바로 먹길
추천해.

- 매장과 도보 3분 거리에 위치한 근처 공영주차장 이용하기.
- 주차 후 바다곳간에서 식사한 뒤 걸어서 자연도 소금빵을
  방문하는 동선을 추천해!

인스파이어 엔터테인먼트 리조트

📍 인천 **중구** 공항문화로 127
🕐 각 장소와 시설마다 상이
🌐 www.inspirekorea.com/
ko/entertainment

요트 타기 전까지 여유가 있으니, 이름에서 알 수 있듯 온갖 즐거운 것들을 모아둔 장소인 인스파이어 엔터테인먼트 리조트에서 시간을 보내볼까? 이곳에는 일 년 내내 따뜻한 유리돔 워터파크부터 야외 정원, 미디어아트까지 다양한 경험을 할 수 있어. 그중에서도 압도적인 몰입감을 자랑하는 어트랙션 두 개를 소개할게. 먼저, 르 스페이스는 약 2,000평 부지의 국내 최대 규모의 미디어아트 전시관이야. 거대하고 신비로운 우주를 테마로 관람객의 움직임에 반응하는 인터랙티브 기술이 사용되어 더욱 흥미롭지. 또 오로라에서는 150m에 달하는 천장과 높은 벽면, 초고화질 LED를 이용해 마치 실제 북유럽의 오로라를 보는 듯 생생하게 구현한 디지털 콘텐츠를 감상할 수 있어. 디스커버리 파크는 모든 연령층이 즐길 수 있는 공원으로 피크닉부터 미로, 테마 공간 등이 자리하고 있어. 특히 최대 3만 명까지 수용할 수 있는 야외 정원에서는 음악 페스티벌과 계절별 프로그램 등이 꾸준히 개최된다고 하니, 방문할 때 일정을 참고하길 바라.

바람이 이끌고,
바다가 부르는 곳

현대요트
인천점

외국도 아닌 한국의 인천에서, 합리적인 가격대로
요트를 탈 수 있는 곳을 소개할게. 40년의 역사를
보유한 해양레저 전문 기업 현대요트 인천점에서 낭만이
펼쳐지는 물 위의 지상 낙원으로 떠나보자. 요트를 타고
이국적인 풍경의 왕산 마리나부터 시작해 백사장이
펼쳐지는 왕산 해수욕장과 을왕리 해수욕장, 아름다운
해안절벽의 무의도와 실미도, 선녀바위까지 항해하며
관광하는 거야. 요트 내부에는 화장실과 캐빈도 구비되어
보다 편하게 이용할 수 있어. 또 요트는 선체의 크기와
수용 인원에 따라 세 종류로 나뉘고, 파란 하늘 아래
넓은 바다를 달리는 데이투어와 금빛의 석양을 마주하는
선셋투어 두 가지 프로그램이 진행돼. 조금 더 낭만적인
시간을 원한다면, 일몰을 감상하며 바다 위를 달려보자.
매일 같은 일상, 매번 비슷한 여행의 지루함과 단조로움을
한 번에 해소할 수 있을 거야.

📍 인천 중구 왕산마리나길
143 1층 A-1호
🕐 화~일 10:00~19:00 /
월 휴무
🌐 www.hdcosmos.com/
yachts/prg.html

• 여유 있게 준비하기 위해선 조금 일찍 도착하는 게 좋아.
출항 20분 전에 도착해서 화장실도 다녀오고 승선자 명단도
작성하고 구명조끼도 착용하자.
• 바람에 날려 시야에 방해가 될 수 있으니 머리가 길다면 머리끈
등을 챙겨가길 바라. 또 인생사진을 찍고 싶다면 밝은색 옷,
그중에서도 흰색 옷을 입고 가는 걸 추천해!

🍴

영종도 택시 기사님들이
애정하는

해상궁

📍 인천 중구 마시란로 411
🕐 수~월 10:00~21:00 /
   화 휴무
🍽 반려동물 동반 가능
   (실내 케이지 필수) /
   유아 의자 구비

택시 기사님들이 추천하는 맛집, 해상궁을 소개할게.
이곳의 낙지볶음에는 탱탱한 낙지가 푸짐하게
들어가는데, 불향이 느껴지면서도 속이 아프지 않은
매운맛으로 인기가 많아. 파전과 칼국수, 직접 담근
김치까지 맛있어서 든든한 식사를 하기에 딱이야. 특히
낙지 한 마리 파전은 통통한 낙지 한 마리가 통째로
들어가고, 새우도 들어가 있어서 식감도 좋다고 해. 함께
제공되는 강황 쌀밥에 낙지와 콩나물을 올려 먹다가 매울
땐 파전으로 잠시 혀를 달래주는 게 완벽한 조합이라고.
게다가 해상궁의 모든 메뉴는 1인분 주문이 가능하고,
낙지볶음은 덜 맵게 해달라고 할 수도 있어. 매운맛을
사랑하는 사람도, 잘 못 먹는 사람도 모두가 만족할 수
있는 곳이지. 또 동물 친구들을 사랑하는 사장님이 매장에
반려동물을 위한 운동장까지 만들어놓았다고 해. 세심한
마음으로 방문객을 대하는 곳이니, 기분 좋은 식사로
여행을 마무리할 수 있을 거야.

◆

을왕리 해수욕장, 선녀바위 해수욕장, 마시란 해변 등과
가까워 식사 후 바다를 보러 가기에도 좋아.

영종도에서 싱그러운 계절을 더 만끽하고 싶다면

바다와 바람을 더 느낄 수 있는 레일바이크를
타보는 건 어때? 폭포와 동굴을 지나가는
스펙타클한 코스로, 한쪽에는 바다가 펼쳐져
있어서 뷰가 정말 좋아.

맛의 도시 인천을 탐방하고 싶다면

'마시안어부집'에서 분홍빛으로 물들어가는 하늘 아래
바다를 바라보며, 치즈와 날치알까지 곁들여 먹는
조개구이는 환상적이야. 바닷가 바로 앞자리는 웨이팅이
있지만 기다릴 가치가 충분하다고.

특색 있는 빵을 맛보고 싶다면

'마시안제빵소'는 일몰 명소인
빵 맛집이니까 들러보길 바라.
야외 테라스에서 시그니처
메뉴인 연탄식빵을 먹어보자.

든든한 한식을 맛보고 싶다면

'은행나무집'은 굴전과 굴밥이 맛있어서 굴 좋아하는
사람들에게 추천하는 곳. 생선구이와 된장찌개 거기다
튀김처럼 바삭한 파전 조합이 아주 일품이야.

PLACE

시원한 계곡과
여름 캠핑 코스

경기 가평

초록이 가득한 공간에서 졸졸 흐르는
계곡 물소리를 들으며 반짝이는 윤슬과 별뉘를
바라보는 순간, 상상만 해도 힐링되지 않아?
태양이 아무리 뜨거워도 차가운 물에 발을 담가 첨벙거릴 땐,
더위를 잊을 수 있잖아. 여름에만 즐길 수 있는 짜릿함이지.
아주 멀리 가지 않아도 알차게 즐길 수 있는 물놀이 코스를
알려줄게. 이번 주말엔 가평으로 떠나보자.

여름 맛이 가득한 여행

이열치열부터 이열치냉까지! 여름을 만끽할 수
있는 가평 여행 코스를 소개할게.
시원한 물에 둥둥 떠 있기도 하고 건강에 좋은
식사로 몸보신도 하면서 여름을 맛보자.

이탈리아 마을 피노키오와 다빈치

한국에서 이탈리아를 느낄 수 있다는 거, 알았어? 쁘띠 프랑스와 연결된 이곳은 국내 유일의 이탈리아 문화 마을이야. 피노키오와 다빈치를 주제로 하여 동화 속에 들어온 기분을 느낄 수 있지. 온통 다채로운 색상으로 가득해서 사진 찍는 걸 멈출 수 없을 거야. 게다가 이탈리아의 다양한 가면과 마리오네트 공연 등 여러 체험도 할 수 있어. 특히, 이탈리아 토스카나 지역의 전통 주택과 베네치아 마을을 모티브로 한 전시관은 정말 유럽을 옮긴 것 같아. 아름답고 이색적이라서 그런지 많은 드라마나 예능의 촬영지로 등장하기도 했는데, 방문객 중엔 한국인보다 외국인 비율이 더 높아 신기한 곳이지. 상시는 아니지만 축제가 열리기도 하니 방문 시 일정을 확인해보자. 굉장히 넓고 볼거리가 많아서 쁘띠 프랑스가 아닌 이탈리아 마을만 다 둘러보는 데에 한 시간 이상이 소요된다고 해. 쁘띠 프랑스와 함께 방문하고 싶다면 꼭 여유 있는 일정으로, 통합권을 구매해서 방문하길 바라.

📍 경기 가평군 청평면 호반로 1073-56
🕐 매일 09:00~18:00
🌐 www.pinovinci.com

● 네이버 예매 시 할인이 돼.
● 무료 주차가 가능해.

기본에 충실한 제빵계의 모범생

르봉빵 본점

프랑스어로 '좋은 빵'이라는 뜻을 가진, 르봉빵으로 가보자. 가평에서 가장 유명한 빵집인 이곳은, 건강하고 맛있는 빵을 만들기 위해 유기농 밀가루와 천연발효종을 사용하는 베이커리야. 매달, 매일 새로운 메뉴로 라인업을 바꿔가며 다양한 빵을 선보이지. 이곳의 시그니처 빵은 바로, 연유쌀바게트! 겉은 누룽지처럼 고소하고 바삭한데 속엔 부드럽고 촉촉한 크림이 가득 들어 있어. 오후엔 품절될 수 있으니, 다른 곳으로 이동하기 전 미리 사두길 추천해. 그 외에도 차지고 쫄깃한 소금빵과 대파가 듬뿍 들어간 쌀대파명란바게트 등 다른 메뉴들도 전반적으로 수준이 높고, 맛있다고 호평이 자자해. 빵의 겉모양이 화려하거나 독특하지는 않아도 '맛'이라는 가장 중요한 부분에 아주 진심인 데다가, 가격도 합리적인 편이라 여러 개 골라도 부담이 없거든. 덕분에 로컬 주민뿐만 아니라 여행객들에게도 사랑받는 곳이 되어서, 가평 여행의 필수 코스가 되었어.

📍 경기 가평군 가평읍 석봉로 200 1층
🕐 매일 08:00~22:00
📷 le_bon_pain_0607

빵은 매일 10시 30분에 나오지만 지연되는 경우도 있어.

197

🍴

좋아하지 않아도
좋아하게 만드는

두메막국수

📍 경기 가평군 가평읍 가화로
332 1층
🕐 월~금 11:00~14:30 /
토, 일 11:00~14:20

주말엔 오픈런을 한다는 단골이 많은 곳, 두메막국수야.
비빔과 국물로 따로 나뉘어 있지 않은데, 막국수를
주문하면 육수를 주기 때문에 각자 취향에 맞게 제조가
가능해. 육수 자체는 심심하지만 식초랑 겨자로 기호에
맞게 조절할 수 있어. 게다가 굵은 면에서는 은은하게
메밀 향이 느껴지고, 양념장은 깔끔해서 텁텁한 맛이
없다고. 그래서인지 직원이 친절하다는 후기만큼 많이
보이는 문구가 '막국수를 별로 안 좋아하는데도 여기는
맛있다'라는 거였어. 중독적인 감칠맛 덕에 오픈 시간에
맞춰 와도 금방 만석이 되어버릴 정도로 이곳을 애정하는
사람이 많아. 하지만 판매하는 음식이 시원한 국수인
데다가 매장에 좌석도 많아 회전율이 빠른 편이야.
친절함과 야무진 맛 게다가 적당한 대기 시간까지 맛집의
삼박자를 다 갖춘 곳이지. 막국수 토핑인 수육도 부드럽고
쫀득해서 맛있다며 추가로 주문하는 사람들도 많으니
기억해줘. 만두랑 전병도 맛있다고 하니 골고루 시켜서
즐겨보자.

● 곱빼기 메뉴도 주문할 수 있어.
● 잣 막걸리가 맛있으니 운전하지 않는다면 꼭 즐겨봐.

뭘 좋아할지 몰라서 다 준비했어

자우림
캠핑장

가평에 온 이유! 더위를 잊기 위한 계곡으로 향하자. 펜션 숙박부터 캠핑, 당일치기로 이용할 수 있는 평상까지 모든 걸 갖춘 곳을 소개할게. 자우림 캠핑장은 가평부터 청평, 양평, 강촌 다 갈 수 있는 거리에 위치해서 접근성이 정말 좋아. 배드민턴과 탁구, 족구, 모래놀이터 등 아이들부터 어른까지 모든 연령층이 즐길 수 있는 시설을 갖추고 있지. 그리고 사전에 예약을 하면 치킨과 닭볶음탕도 픽업할 수 있어. 치킨은 갓 튀겨서 바삭바삭하고, 닭볶음탕은 적당히 매콤해 호불호 갈리지 않을 맛이라서 캠퍼들에게도 인기가 많아. 또 이곳은 공용공간 관리를 철저히 하기로도 유명해. 특히 2023년에 새로 리모델링을 해서 화장실과 샤워실이 모두 깨끗하고, 샤워실에는 칸막이와 커튼이 있어 보다 편하게 이용할 수 있어. 게다가 계곡 최대 수심이 3.5m인데도 유속이 빠르지 않고, 물고기가 많아 물놀이를 즐기기에 최적화된 곳이야.

- 예약 시 입실 픽업 신청을 한다면, 가평 도착 후 마트에서 장을 본 다음 편하게 캠핑장에 도착할 수 있어.
- 치킨과 닭볶음탕은 자우림 카페에서 예약할 수 있어. 닭볶음탕에는 감자와 양파만 들어 있으니, 깻잎이나 떡, 치즈 사리 등을 챙겨가는 걸 추천해.

📍 경기 가평군 북면 가화로 2697-137
🕐 매일 09:00~22:00
🌐 www.jaurim.kr

겉은 차갑게 속은 따뜻하게

청대문

- 📍 경기 가평군 가평읍 가화로 490 청대문
- 🕐 수~월 10:40~20:00, 브레이크 타임 15:00~16:00, 라스트 오더 19:00 / 화 휴무
- 🔗 blog.naver.com/yum61
- 🪑 유아 의자 구비

몸에 좋고 맛도 좋은 식사를 위해 시래기 음식 전문점 청대문으로 가보자. 이곳에서 추천하는 건 바로, 시래기 정식! 푸짐한 양과 정갈한 음식 덕분에 주기적으로 방문하는 사람들이 많아. 보쌈이나 명태조림 등 정식 메뉴가 여럿인데 조림이 특히 인기가 많아. 매콤달콤한 맛이 전혀 과하지 않다고. 하지만 청대문에서 가장 중요한 건, 정식을 주문했을 때 함께 나오는 시래기 솥밥이야. 시래기와 무를 넣어 지은 솥밥인데 뚜껑을 열 때부터 깊은 향이 풍기고, 밥 자체가 맛있어서 양념간장이랑 같이 먹으면 절로 넘어가지. 열두 가지나 되는 알찬 구성의 밑반찬과도 궁합이 잘 맞는다며, 솥밥 때문에 정식을 시킨다는 후기도 있어. 이 솥밥의 포인트는 밥을 덜어낸 뒤 먹는 누룽지! 물 대신 시래기 우린 물을 붓기 때문에 향도 좋고 맛도 구수하고 속도 편하다고 해. 후식으로 주는 수정과도 맛있으니 한식을 좋아한다면 꼭 들러보길 바라.

정식 메뉴를 주문해야 솥밥을 먹을 수 있어.
2인 이상부터 주문 가능하니 누군가와 함께 방문해봐.

산책하기 좋은 장소를 알고 싶다면

'그라운드휴'는 여유롭고 탁 트인 공간이라 산책하기
좋아. 봄에는 꽃구경, 가을엔 단풍구경 하기에도
예쁜 곳이야.

가평 여행을 더 알차게 보내고 싶다면

'가평잣고을시장'은 매월 5와 0이 들어간 날짜에
열려. 가평의 특산품인 잣부터 각 지역 농가에서
직접 재배한 농수산물까지 다양하게 판매하고 있어.
피크닉과 공연 등 이벤트도 다양해.

계곡을 즐길 수 있는 맛집을 찾는다면

'이곡둑길153 숯불닭갈비'는 고기 질이 좋고,
계곡물을 보며 식사할 수 있어. 테라스 좌석엔
반려동물 동반도 가능해.

다른 숙소를 원한다면

'가평물골숲계곡오토캠핑장'으로 가보자. 계곡과
가깝고 아담한 카라반, 아이들이 놀기 좋은
퐁퐁(트램펄린)이 있어.

금빛 아름다움이
있는 '가을' 여행

강원 정선

언제 가도 고즈넉한 멋이 있지만,
정선의 매력은 특히 가을에 가장 잘 느낄 수 있는 것 같아.
멋진 일몰에 금빛으로 물든 민둥산 때문일까?
굽이굽이 강원도 산길을 다니며 단풍과
갈대밭을 두 눈 가득 담아보자.

짧아서 더 소중한 가을을
만끽해보기

무더위를 지나 선선한 바람이 불어오는 가을,
알록달록한 옷으로 갈아입는
산을 찾아 떠나볼까?

하늘을 나는 기분!

병방치

📍 강원 정선군 정선읍
   병방치길 225
🕐 매일 9:00~18:00 /
   동절기 10:00~17:00
🌐 www.ariihills.co.kr
🐾 반려동물 동반 가능

정선의 아름다운 뷰 포인트 중 하나로 꼽히는 병방치는 병방산 전망대야. 여기에는 아리힐스에서 운영하는 스카이워크, 짚와이어, 글램핑 등의 레저 시설이 조성되어 있어. 유리로 된 스카이워크 위에 서면 이웃한 영월의 선암마을과 함께 한반도 지형의 동강변을 한눈에 내려다볼 수 있지. 또 병방치 짚와이어는 높이 325.5m, 총길이 1.1km로 아시아에서는 최고, 세계에서는 두 번째 규모래. 높은 곳에서 활강하다 보니 처음에는 절벽에서 뛰어내리는 번지점프 같다가, 이후에는 패러글라이딩을 타고 하늘을 나는 것 같아. 한 번 내려갈 때 네 명씩 타고 내려갈 수 있어 가족들이나 친구들과 함께하면 더 재밌을 거야. 이곳에서 '동강할미꽃마을'을 내비게이션에 입력하고 이동하면 산 절벽과 그 아래로 흐르는 동강을 옆에 끼고 달릴 수 있는 멋진 드라이브 코스가 나와. 그리고 여기서 다시 '문치재 전망대'를 입력하고 가면 해발 750m의 높은 지대에 도착하는데, 구불구불한 오르막길을 조망할 수 있어.

짚와이어는 현장 티켓 구매도 가능하지만,
네이버 예약으로 미리 예약하는 것을 추천해.

진정한 현지 맛집을 가고 싶다면

잔달비
농가맛집

야들야들한 수육, 구수한 메밀전병과 감자전, 시원한 막국수 등 메인 메뉴 하나를 꼽기 어려운 이곳은 동네 주민들에게 검증된 진짜 맛집이야. 강원도 하면 감자, 메밀, 옥수수! 이 세 재료의 맛을 제대로 느끼고 싶다면 꼭 가보길 바라. 산골짜기에 있지만, 아는 사람들은 다 아는 곳이라고. 정갈하게 나오는 밑반찬들도 모두 다 맛있고, 그리운 엄마 손맛이 생각나는 곳이야. 감자전은 직접 농사지은 강원도 감자로 만들어 쫀득하고, 4대째 이어져 오고 있다는 수제 생막걸리인 옥수수 막걸리도 별미지. 감자전과 수육, 막걸리 조합이 특히 좋아 등산 후에 찾는 손님들도 많아. 맛있는 식사 후에는 산속에 숨은 나만의 맛집을 찾아낸 기분에 뿌듯함이 들 거야.

📍 강원 정선군 남면 유평리 481-2
☎ 033-591-8436

영업 날짜나 시간에 변동이 있는 편이니
미리 전화를 해보고 방문해줘.

강원도에서 만남 베트남

비엣커피

📍 강원 정선군 남면 강원남로
　 5197-207
🕐 매일 10:00~18:00
🐾 반려동물 동반 가능

시월의 미소라는 찻집과 붙어 있는 이곳은 친절한 베트남 사장님이 운영하는 작고 아기자기한 카페야. 시월의 미소와 비엣커피의 사장님은 부부이고, 이곳은 아내가 운영하는 곳이라고 해. 비엣커피에서는 향긋한 코코넛 향과 베트남 커피가 어우러져서 독특하고 이국적인 맛을 느낄 수 있지. 정선에서 만나는 베트남 커피라니! 정말 독특하지 않아? 연유 커피, 코코넛 커피, 말차 커피, 타이 밀크티 등등 베트남에서 먹었던 그 맛 그대로라는 후기가 많아. 아래에는 계곡이 있어 졸졸 흐르는 물소리를 들으며 커피를 마시면 여행에 온 기분이 더 배가될 거야. 함께 주는 베트남 과자와 먹으면 해외여행에 온 기분이 잠깐 들기도 해.

금빛 억새밭 파도가 있는

민둥산

억새밭은 평소에는 은빛이지만 일몰 시간에는 눈부신 황금빛으로 변하지. 민둥산은 실제로 전국 5대 억새 군락지 중 한곳이야. 민둥산 입구에서 조금만 오르면 갈림길이 나오는데, 왼쪽은 완만한 경사길이, 오른쪽에는 급격한 경사길이 이어져. 오르기 힘들수록 더 아름다운 풍경을 선물 받는다는 점을 기억해! 억새밭으로 뒤덮인 멋진 군락지를 한눈에 조망할 수 있는 오른쪽 길을 추천할게. 해발 1,117m의 산이지만, 이 구간만 지나면 길이 가파르지 않아 등산 초보자들도 무리 없이 오를 수 있어. 전망대에 가까워질수록 더 멋진 풍경들이 나타나는데, 둥근 능선을 따라 빼곡한 억새밭이 절경이야. 일몰 시간쯤 정상에 도착할 수 있게 시간을 잘 계산해서 간다면 솜털 같은 억새가 황금빛으로 물드는 광경을 볼 수 있을 거야. 운동화 끈 단단히 매고 가을에만 누릴 수 있는 억새밭 트래킹에 도전해보자.

거북이쉼터까지 차량으로 이동해서 산행을 시작하는 것이 최단 코스지만, 9월부터 11월까지 진행되는 억새 축제 기간에는 차량을 통제한다는 점을 참고해줘.

📍 강원 정선군 남면 무릉리
🐾 반려동물 동반 가능

자연 속에 푹 파묻히고 싶을 때

스테이봉정

주변에 산, 강, 밭 외에는 아무것도 없는 고립된 곳이야. 산 한가운데에 있어 도심에서 벗어나 고요한 곳에 파고들고 싶을 때 제격이지. 숙소 뒤로는 높은 산이 있고 앞에는 천이 흘러 그야말로 배산임수의 땅이라고 할 수 있어. 방마다 넓고 프라이빗한 정원이 있고, 큰 창이 있어 창밖을 바라보기만 해도 기분이 좋아질 거야. 샤워부스 외에도 이 풍경을 바라보며 반신욕을 할 수 있는 욕조도 있어. 따뜻한 물을 받아 피로했던 몸을 풀어주는 건 어떨까? 긴장을 풀고 밤에는 조용하게 바비큐 파티도 야외에서 즐겨보자. 그러다 고개를 들어 본 밤하늘에는 별이 가득할 거야. 자연이 주는 즐거움을 밤낮으로 즐길 수 있는 곳! 아침에는 빵과 샐러드를 주는데, 새소리를 들으며 야외 테이블에서 먹는 조식도 이곳에서 꼭 즐겨야 하는 행복 중 하나야. 탁 트인 자연 뷰를 보며 휴식을 취하고 싶다면 이곳을 추천할게.

📍 강원 정선군 여량면 봉정로 590
🌐 staybongjeong.modoo.at

✦

숨은 보물 같은 카페를 가고 싶다면

나무 사이로 들어가면 클래식이 흘러나오는 아늑한 카페, '이화에
월백하고'로 가보자. 나무 냄새가 물씬 나는 보물 같은 이곳은
노부부가 운영하는데, 곳곳에 사장님의 손길이 닿은 애정어린
물건들을 구경하는 재미가 있어.

✦

친정한 로컬 음식들을 먹고 싶다면

'전영진 어가'는 3대째
이어져오고 있는, 슬로우푸드를
지향하는 식당이야. 사장님께서
재료들이 어떻게 식탁에 오게
되었는지 하나씩 설명해주시지.
하루에 최대 여섯 팀만 받는데,
경쟁이 치열하니 미리 예약하기!

✦

아침을 든든하게 챙기고 싶다면

'민둥산해돈이가마솥설렁탕'은
식당 앞에 있는 가마솥부터
예사롭지 않아. 한우 사골 국물을
우려낸 설렁탕 맛집이지. 민둥산
산행을 위해 든든한 아침을
책임져줄 깊은 맛의 국밥을
원한다면 이곳을 방문해봐.

✦

시원한 국수가 먹고 싶다면

'회동집'에는 메밀면을 호로록 먹으면 콧등을
친다고해서 '콧등치기 국수'라고 이름이 지어진
재미있는 메밀국수 메뉴가 있어. 젤리 같은 식감과
구수한 향기에 폭풍 흡입할 수 밖에 없을걸?

✦

몸과 마음에 깊이 휴식을 주고 싶다면

'파크로쉬 리조트앤웰니스'를 추천할게. 수영장과 사우나는 물론,
요가와 명상 같은 웰니스 프로그램, 음악 감상실과 북카페 등 알차게
구성되어 있어 리조트 밖으로 나올 일이 없는 숙소야.

아름다운 '겨울' 눈꽃 트래킹 코스

강원 태백

펑펑 쏟아지는 하얀 눈을 제대로 즐기고 싶다면,
겨울이 끝나기 전에 눈의 세상으로 떠나보는 게 어때?
도심의 빌딩 숲에서 겪는 회색 눈이 아닌, 온통 흰빛으로
가득한 설경을 눈에 담을 수 있을 거야. 해야만 하는 것들과
하기 싫은 것들은 잠시 잊은 채, 풍경에 집중해보자.
비현실적인 아름다움에 벅차오를지도 몰라.

PLANNING

영화 속으로
들어온 듯한

눈으로 가득한 하얀 세상을 주제로 영화를
만든다면 아마 태백의 눈꽃 여행과 비슷할 거야.
겨울을 더 사랑하게 만들어줄
태백 코스를 시작해보자.

그림처럼 황홀한 설산 속으로

태백산

세상을 온통 하얗게 채울 듯 눈이 내리는 겨울에만 경험할 수 있는 눈꽃 트래킹을 위해 강원도로 향하자. 태백산은 비교적 경사가 완만해 등산 초보자도 부담 없이 오를 수 있어. 쉬운 난이도의 검룡소, 백천계곡 그리고 보통 난이도의 유일사, 금대봉, 문수봉 이렇게 총 5개의 코스로 나뉘어. 그중에서도 가장 인기 있는 건, 정상인 1,567m의 장군봉까지 왕복 4시간 정도 소요되는 유일사 코스야. 특히 해발 1,000m 높이에서 백 년을 살아온 주목나무에 핀 눈꽃들이 마치 유리 공예로 만들어진 예술 작품처럼 아름답지. 판타지 영화의 겨울왕국처럼 온통 새하얗게 눈이 펼쳐진 설산을 오르며, 환상적인 풍경을 만끽하길 바라. 스노볼 속의 오브제보다도 더 반짝이게 빛나는 겨울 산의 매력을 깨닫게 될 거야.

📍 강원 태백시 혈동
🕐 동절기 입산 04:00,
   하절기 입산 03:00 /
   통제 시간 코스마다 상이
🌐 www.knps.or.kr

• 11~4월 초까지 탐방로 결빙이 심하니 눈을 보호할 선글라스와 방풍, 방한, 방수 등 안전용품이 필수야.
• 해가 일찍 지니 일찍 하산할 수 있도록 여유 있게 출발하고, 등산 전 탐방로 통제 현황 확인하는 걸 잊지마!

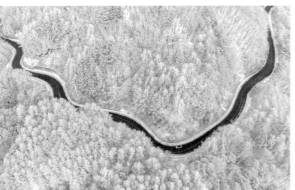

🍴

밥을 볶기 전까지
끝나도 끝난 게 아닌

태백닭갈비

이른 아침부터 산행으로 체력을 소진했으니 따끈하게
속을 채워 기운을 보충해야겠지. 등산 후엔 뭘 먹어도
맛있을 정도로 허기가 진다지만, 그래도 맛있는 걸
먹으면 더 기분이 좋잖아. 태백 주민들과 등산객들이
애정하는 태백닭갈비로 가보자. 태백산에서 차로 15분
정도 이동하면 도착하는 이곳은 닭갈비 전문점이야.
특이하게도 국물이 있어 물닭갈비라 불리기도 해.
닭갈비는 퍽퍽하지 않고 고명으로 올린 깻잎은 향긋하지.
칼칼한 국물은 텁텁하지 않아서 인기가 많아. 그래서인지
택배나 포장으로 주문하는 사람들도 많다고. 평소 식사
양이 많은 편이라면, 국물과 잘 어울리는 가락국수
사리까지 추가해서 먹어봐. 합리적인 가격대로 더 푸짐한
양의 식사를 할 수 있어. 하지만 무엇보다도, 한국인은
밥심인 거 알지? 닭갈비를 충분히 즐겼으면 마무리로 꼭
볶음밥까지 야무지게 먹어주기야!

📍 강원 태백시 중앙남1길 10
🕐 매일 10:00~21:00

봄에는 사리로 냉이를 추가할 수 있는데
이게 그렇게 별미라고 해.

213

모두를 만족시킬
소금빵이 기다리는 곳

슈가민

📍 강원 태백시 황연5길 21 1층
🕐 수~금 11:00~18:00 /
   토, 일 11:00~16:30 /
   월, 화 휴무
📷 sugarmin_dessert
🐾 소형견 동반 가능

매콤 달콤한 닭갈비를 먹었으니 디저트로 짠맛을 찾아 떠나보자. 맵단짠을 충족시키기 위해 방문객의 발걸음이 끊이질 않는 작은 베이커리를 추천해. 이곳 슈가민에서는 정통 소금빵파와 개성 소금빵파를 모두 만족시키는 메뉴들을 선보인다고 해. 우선, 정통파는 밑면까지 바삭한 크랙 소금빵과 부드럽고 촉촉한 소프트 소금빵 중 취향에 맞는 식감을 고를 수 있어. 반면 개성파는 명란 포테이토, 순 우유크림, 앙버터 등 원하는 토핑을 선택할 수 있지. 토핑은 고정적이지 않고 바뀌는데 중요한 건, 정통파든 개성파든 상관없이 무엇을 골라도 모두 쫄깃하고 차진 소금빵을 먹을 수 있다는 거야. 그야말로 평화로운 결말이지? 고소하고 짭짤한 소금빵 이외에도 에그타르트와 피낭시에 등을 판매하고 있으니, 차나 숙소에서 먹을 간식으로 미리 구매해도 좋을 거야.

소금빵은 1시 이후에 나오니 방문 전 미리 전화로 수량을 확인하자. 명란 포테이토 등 사전 예약이 필요한 메뉴들도 있으니 미리 문의하기!

동화의 주인공이 되어보는 시간

몽토랑
산양목장

해발 800m로 우리나라에서 가장 높은 목장이라는 몽토랑 산양목장은 한국의 알프스라는 별명을 가진 곳이야. 마치 유럽 마을 같은 목장과 그를 둘러싼 광활한 풍경 덕에 사계절 내내 아름답지만, 온통 하얀 세상이 되는 겨울에 가장 매력적인 곳이지. 설경이 유독 아름다운 1월 말에서 2월 초쯤, 태백 눈꽃 축제가 열리는 시기에 방문하는 걸 추천해. 다만 겨울엔 방문 전 날씨 확인이 필수야. 눈이 많이 오는 날에는 등산로처럼 목장 또한 진입하기가 힘들거든. 산양들은 추위에 강해 겨울에도 목초지에 나와 있는데, 떼 지어 다니는 습성이 있어 시간별로 조금씩 축사에서 나온다고 해. 그 때문에 동물들을 무서워한다거나 많은 양이 부담스럽다면 오전 시간 방문이 적합할 거야. 반대로 한 번에 많은 양을 만나고 싶다면 오후 1시 이후로 방문하는 게 좋아. 특히 3시 이후에는 산책을 마친 산양들이 목장 중앙에 나와 있는 걸 볼 수 있어.

📍 강원 태백시 효자1길 27-2
🕐 상, 하절기 운영 시간 상이
📷 mongtorang_goatfarm
🐾 반려동물 동반 가능

- 하절기에는 매트와 바구니, 베이글과 커피 등 간식과 소품들로 구성된 피크닉 세트도 대여 가능해.
- 목장에서 직접 짠 산양유를 장시간 발효시켜 만든 수제 요거트가 인기 메뉴야.
- 눈이 아주 많이 쌓인 날에는 눈썰매를 대여할 수도 있어.

몸과 마음의 피로를 녹여주는

여여한
사생활

마치 예술 갤러리에 온 느낌이 드는 깔끔한 숙소를
소개할게. 여여한사생활은 독채라서 프라이빗하게 이용할
수 있고, 복층이기에 보다 넓고 쾌적한 곳이야. 접근성이
좋아 배달 음식을 주문하기도 편하고, 차로 5분 거리에
마트가 있어 미리 장을 볼 수도 있어. 게다가 아늑한
분위기의 조명과 창문으로 보이는 숲까지, 시선이 닿는
모든 곳이 다 예쁜 공간이야. 1층에는 빔 프로젝터, 빈백
소파, 커트러리, 와인잔과 오프너, 큐커 등을 구비하고
있어. 욕실마저도 예쁜데, 치약을 포함한 세안용품과
아로마오일까지 환경 친화적인 브랜드의 것으로 제공해.
숙소와 이어진 공간에서는 오로지 숙박객만을 위해 자연
식재료로 직접 만든 조식을 제공하는데, 자극적이지 않아
속이 편안해 인기가 많아. 조식을 먹는 동안 호스트가 직접
차를 내려주기도 해.

2인 초과 인원이라면 추가 침구인 토퍼를 제공해줘.
조리가 불가능하니 숙소에서 음식을 배달시키거나 근처
마트에서 과일이나 간단한 간식 정도는 미리 장보기!

📍 강원 태백시 절골1길 118
📷 yeoyeo_ne

등산은 싫지만 설산의 풍경은 즐기고 싶다면

'만항재 쉼터'로 가보자. 차를 타고 갈 수 있어, 해발 1,330m까지
편하고 따뜻하게 설산을 오를 수 있어.

 구경할 곳을 더 알고 싶다면

'황지자유시장'에 가보는 건
어때? 여행에서 빠질 수 없는 건
바로 시장 구경이지. 가성비 좋은
맛집도 많고, 평소에는 볼 수 없던
것들도 있어 재밌을 거야.

 다른 메뉴로 식사하고 싶다면

'부산감자옹심이'는 감자로 반죽한
감자옹심이와 쫄깃한 메밀 칼국수 면이
조화로운 곳이야. 직접 담근 김치까지
아주 맛있어. 두툼하고 겉은 바삭 속은
쫀득한 감자전도 필수!

 로컬 주민 맛집에 가고 싶다면

'구와우순두부식당'은 태백
주민들이 애정하는 곳이야.
몽글몽글 고소한 순두부와 양념장,
막장을 함께 먹어봐. 수저를 멈출
수 없을 거야.

PLACE

특별한
크리스마스
서울 강남

이름만 들어도 들뜨는 '크리스마스'!
한 해의 끝이라서 그런지 더 특별하고
선물 같은 하루를 보내고 싶어 한참 전부터
고민이 시작돼. 크리스마스 트리의 전구들처럼
크고 작은 디테일들이 모여 이 소중한 하루를
장식해줄 코스를 소개할게.

PLANNING

특별한 크리스마스를
더 특별하게 보내는 법

여기저기서 캐럴이 들려 설레는 시즌.
한 해를 잘 보낸 나를 위해
선물 같은 하루를 보내보자.

도심 속 책의 숲

소전서림

📍 서울 강남구 영동대로138길
23 지하1층
🕐 화~일 10:00~21:00 /
월 휴무
◎ sojeonseolim

책을 읽기에 카페는 북적거리고 도서관은 시설이
아쉬웠다면, 청담에 있는 소전서림을 방문해봐.
소전서림의 뜻은 '흰 벽돌로 둘러싸인 책의 숲'. 이름처럼
하얀 벽돌의 건물 안으로 들어가면, 벽면을 가득 채운
책들을 만날 수 있어. 유료 도서관이고, 반일권(5시간)은
3만 원, 종일권은 5만 원으로 저렴하지 않은 가격이지만
막상 경험해보니 돈이 아깝지 않다는 후기가 자자해.
잔잔한 음악과 책을 넘기는 백색소음이 공간을 감싸고
있는 이곳에서는 정말 책의 숲에 파묻힌 기분이 든달까?
책을 좋아하는 사람이라면 꼭 한번 가보길 바라. 어딜 가도
사람이 많은 크리스마스 시즌에는 소전서림에서 오전을
조용히 보내며 책을 읽어보아도 좋아. 문학, 인문학
분야의 책들이 주로 있어 추운 날 마음을 말랑말랑하게
해줄 거야. 칸막이로 가려진 1인 좌석이 있어 방해받지
않고 프라이빗하게 책을 읽을 수 있어.

직원에게 요청하면 슬리퍼를 주는데, 편하게 이 공간을
누비며 독서할 수 있다는 점이 매력적이야.

매일 메뉴판을 새롭게 만드는 곳

Benebene 2010

🍴

📍 서울 강남구 선릉로148길 52
🕐 월~금 12:00~22:00,
   브레이크 타임
   15:00~17:30 /
   토, 일 11:30~22:00
📷 benebene_2010

빨간 벽을 따라 2층으로 올라가면 편안한 분위기의 가정집 같은 레스토랑이 등장해. 자리가 방으로 나뉘어 있어 프라이빗하게 식사를 즐길 수 있어. 이곳의 특이한 점은 바로 메뉴가 매일매일 달라진다는 거야. 그날 장을 본 제철 식재료로 '오늘의 메뉴판'을 만들어 선보인다고. 그래서 메뉴판도 오늘의 날짜로 인쇄되어 있어 그날의 식사가 더 특별해지는 기분이 들지. 이탈리아 가정식 식당이지만 메뉴 이름과 재료들을 보면 다분히 한국적인 곳이기도 해. 진도 봄동 수프와 문어 달래, 리가토니 장흥 표고버섯 카이조 페페, 초콜릿 무스와 금산 딸기 등 신선한 국산 재료들을 이탈리아 요리법으로 재해석한 메뉴들이 있어. 점심 코스는 3만 원대로 저렴한 편이고, 추가금을 내면 와인도 페어링할 수 있어. 매년 김종필 오너 소믈리에와 김용현 셰프가 이탈리아에 방문해 와인을 직수입하기 때문에 다양한 이탈리아 소도시의 와인과 페어링하기 좋은 음식을 맛볼 수 있지. 오늘만 나오는 메뉴판을 천천히 살펴보며 특별한 한 끼를 골라볼까?

아이스크림계의 파인다이닝

랑꼬뉴

📍 서울 강남구 도산대로49길
6-8 1층
🕐 월~목 12:00~20:00 /
금~일 12:00~22:00
📷 linconnu_seoul
🐾 반려동물 동반 가능

랑꼬뉴는 셰프들의 철학과 프랑스 디저트의 매력을 담아내는 아이스크림 집이야. 사장님이 프랑스 제과학교에서 프랑스식 아이스크림 '글라스'를 배워왔다고 해. 외관부터 중후한 우드톤에 고풍스러운 앤티크 인테리어라서 잠시 파리의 어느 골목을 걷다가 마주친 가게 같기도 해. 재료에 진심인 이곳은 향료나 착즙액을 사용하지 않고 진짜 과즙만을 고집해. 특히 대표 메뉴인 지르베는 과육으로 소르베를 만들고, 과일 향이 더 깊게 베어들도록 소르베를 다시 과일 껍질 안에 채워넣어. 럼의 풍미가 느껴져 어른의 맛이라는 럼레이즌도 또 다른 대표 메뉴라고. 파리의 5성급 호텔과 동일한 기준으로 생산하고 있다고 자신 있게 설명하는 이곳은, 그만큼 가격대가 높은 편이지만 맛은 그 이상이야. 계절마다 좋은 재료를 사용해 그 본연의 맛을 살리며 랑꼬뉴만의 스타일로 재해석한 달콤한 글라스를 먹어봐.

 작고 귀여운 크리스마스 선물

삭스타즈

○ 서울 강남구 도산대로99길
  60 1층
○ 월~토 12:00~19:00 /
  일 휴무
○ sockstaz
○ 반려동물 동반 가능

'크리스마스' 하면 무엇이 떠올라? 산타 할아버지, 크리스마스 트리, 반짝거리는 알전구 그리고 벽난로에 걸린 빨간 양말! 크리스마스에 귀엽고 따뜻한 양말을 서로 선물하는 건 어떨까? 삭스타즈는 한국은 물론 세계 각국의 양말을 만날 수 있는 양말 가게야. 작은 공간이지만 다양한 디자인의 부드럽고 복슬복슬한 양말들을 구경하다 보면 시간 가는 줄 모를 거야. 양말이 이렇게나 다양하다니, 놀랄 수도 있어. 다양한 해외 브랜드들을 셀렉해놓아서 흔하게 볼 수 없는 독특한 디자인도 많고, 매일 신기에 좋은 심플하면서도 예쁜 디자인도 많아. 쇼룸은 남성, 여성, 아이 코너로 나뉘어 있어 선물용 양말을 고르기에도 좋지. 서로에게 어울리는 양말 한 켤레를 골라주며 소소한 선물을 해보자.

한국의 물랑루즈

청담나인

붉은 벨벳 인테리어와 화려한 샹들리에. 청담나인은 들어가는 순간 감탄을 자아내는 웅장한 재즈 바로, '우리나라에 이런 장소가 있었다니!'라는 생각이 들 거야. 라이브 재즈 공연을 보며 근사한 요리를 먹을 수 있어 한 해 동안 열심히 달려온 나에게 주는 멋진 선물이지. 캐럴 재즈가 울려 퍼지는 곳에서 잔을 부딪히며 소중한 사람과 보내는 크리스마스 밤, 정말 낭만적이지 않아? 이곳은 블루리본을 받은 맛집이기도 해. 특히 치즈 퐁듀 플래터는 근사한 2단 접시에 나와서 파티 느낌을 내기 제격이야. 퀄리티 있는 셰프의 요리를 먹으며 이 밤을 즐겨보자. 라이브 공연이 열리는 공간 외에도 여러 명이 프라이빗한 모임을 할 수 있는 아홉 가지 컨셉의 룸도 있어 친구들과 크리스마스 파티를 하기에도 좋아. 이곳에서 일 년에 한 번뿐인 크리스마스를 더 특별하게 보내봐.

📍 서울 강남구 삼성로 634
   B1, B2
   B1 프라이빗 다이닝
🕐 매일 12:00~24:00,
   브레이크 타임
   15:00~18:00
   B2 라이브 재즈 바
🕐 화~일 18:00~24:00 /
   B2는 월 휴무
📷 nine_chungdam
🚫 아이 동반 불가

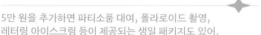

5만 원을 추가하면 파티소품 대여, 폴라로이드 촬영, 레터링 아이스크림 등이 제공되는 생일 패키지도 있어.

가벼운 브런치가 먹고 싶다면

'슬로우치즈'는 꽈배기 모양으로 나오는 영롱한 모차렐라 치즈와
부라타 치즈가 유명한 브런치 맛집이야. 탱글탱글한 치즈가
씹을수록 고소하다고.

따뜻한 오후의 티타임을 하고 싶다면

'티하우스 청담'은 유럽 할머니 댁 같은
아기자기한 애프터눈티 하우스야.
영국식 홍차와 스콘을 주력으로 하고
있는데, 2층 트레이로 구움과자가
나오는 애프터눈티 세트는 맛은 물론
보기에도 예쁘다는 점!

담백한 수제버거가 먹고 싶다면

'로칼즈버거바'는 연예인들의 사인들로 가득한, 수제버거 맛집이야.
재료들이 조화롭고 전체적으로 담백하고 깔끔한 버거라고 해. 특히
부드럽고 폭신한 빵이 정말 맛있다는 후기가 많아.

✦
강경 한식파, 뜨끈한 국물파라면

'청담해정'은 마장동에서 유명한 고깃집을
운영했던 셰프가 오픈한 곱창전골집이야.
따뜻하고 걸쭉한 국물로 몸을 녹이고
싶다면 이곳을 추천해.

분위기도 맛도 놓칠 수 없다면

테이블마다 놓인 생화부터 기분 좋아지는 '스코파더셰프'는 이탈리안
푸드 맛집이야. 이곳에 왔다면 트러플 크림 파스타를 꼭 주문해야 해.
트러플 향과 크리미함의 정도가 적당하고 그 궁합도 환상이거든!

누군가와
함께

#가족 #부모님 #반려동물 #친구

하고
싶어

함께할 때 더욱 빛나는 시간

'혼자' 떠나는
여행 코스

강원 묵호

나는 나에 관해 얼마나 알고 있을까? 내가 좋아하고,
싫어하는 것을 보다 명확하게 알기 위해선 일단 나와 더
친해지는 시간이 필요해. 스스로를 탐구하기 위한, 혼자만의
여행을 떠나보자. 모든 과정이 내가 선택하는 것들로
이루어지니까 취향을 가장 진하게 알 수 있는 방법이거든.
혼자 떠나기에 진입 장벽이 높지 않은 여행 코스를 소개할게.
어느 누구의 개입 없이, 오로지 나에 의해,
나를 위한 것들로 채워지는 시간을 경험해봐.

나의, 나에 의한,
나를 위한 여행

혼자 여행의 묘미는 24시간을 온전히 내가
원하는 대로 선택하는 것 아닐까?
내 마음이 끌리는 대로 떠나보자.

이곳이 아니면
어디서도 만날 수 없는

초당쫄면
순두부

- 📍 강원 동해시 해안로
  515-1 1층
- 🕐 수~월 11:00~14:30,
  라스트 오더 14:00 /
  화 휴무
- 📷 haeanro515_1
- 🐾 반려동물 동반 가능
  (케이지 필수)

묵호에 도착했다면 다른 일정을 소화하기 전, 역에서
가깝되 합리적인 가격으로 푸짐한 식사를 할 수 있는
초당쫄면순두부로 가보자. 여기는 딱 점심시간에만
운영하고 매장도 아담해 웨이팅이 있지만, 키오스크를
이용한 단일 메뉴 주문으로 회전율이 빠른 편이야.
게다가 가게 옆에 따로 대기할 수 있는 공간도 있어.
1980~90년대의 광고들이 나오는 레트로한 분위기로
꾸며져 있고, 안에 커피자판기까지 구비되어 기다리는
시간이 힘들지 않지. 효율적인 방식으로 운영돼 혼밥
하기에 좋은 곳이야. 이곳의 메뉴 초당쫄면순두부는
강원도의 특산품인 고소한 초당 순두부와 사장님이 직접
만든 매콤달콤한 특제 양념 그리고 쫄면의 조합이 일반
순두부찌개와는 전혀 달라 자꾸만 생각나는 맛이야.
자극적이지 않은 간에 감칠맛이 잘 느껴져서 밥이랑
먹으면 궁합이 일품인 데다가, 얼큰한 국물은 텁텁하지도
않아 해장하기에도 좋아.

- 비엔나를 추가하면 풍미가 두 배!
  대식가라면 쫄면을 곱빼기로 추가하길 바라.
- 주차는 가게 앞 공영주차장 이용하기!

여행을 향한
사랑으로 채워진 공간

여행책방
잔잔하게

📍 강원 동해시 발한로 215-2
🕐 월~일 11:00~19:00 /
　휴무는 인스타그램 확인
📷 zanzan_bookshop

맛있는 밥으로 혼자 여행을 시작했다면, 여행의 설렘을
높여줄 장소로 향해볼까? 여행책방 잔잔하게는 여행을
이야기하는 책이 가득한 곳이야. 이곳의 사장님은 서울에
살며 빠르게 변하는 것에 대한 스트레스가 컸는데 묵호는
그렇지 않아 사랑하게 되었다고 해. KTX 묵호역에서
도보 5분 이내면 도착해서 여행의 시작 혹은 끝에 들르면
좋아. 매장에는 사장님이 직접 세계여행하며 모은
마그네틱과 기념품들이 전시되어 있고, 벽면에는 뚜벅이
여행자를 위한 묵호 여행 버킷리스트 목록도 있으니
꼼꼼히 살펴보자. 또, 한편에는 방문객을 위해 짐을
내려놓을 곳과 앉아서 책을 읽을 수 있는 좌석이 마련되어
있어. 종종 북토크도 진행하고, 책을 추천해주기도 하니
이름처럼 잔잔하고 따뜻한 책방에서 취향을 저격하는
책과의 운명적인 만남을 경험하길 바라. 책을 읽거나
구매할 땐 그때의 감정만큼 중요한 게 바로 장소와
시간이거든. 일상으로 돌아온 후 이곳에서 구매한 책을
다시 읽는다면, 묵호에서의 추억이 보다 선명하게 떠오를
거야. 아마 여행지마다 새로운 책을 구매하는 여행 루틴이
생길지도 몰라.

기대를 저버리지 않는

라운드
어바웃

📍 강원 동해시 발한로 220
   1층
🕐 수~월 10:00~18:00 /
   화 휴무
📷 roundabout_donghae

아마도 묵호에서 가장 유명한 카페인 이곳, 많은 사람이
애정하는 이유가 분명한 라운드어바웃이야. 이곳의
시그니처 메뉴는 바로 흑임자 커피! 블랜딩 된 우유와
고소한 흑임자 생크림, 거기에 에스프레소를 더해 만들어.
'얼마나 맛있는지 하루에 두 잔이고 세 잔이고 계속 먹을
수도 있다' '여행 일정 내내 매일 들러서 주문했다' 하는
후기가 눈에 띄어. 커피만큼 인기가 많은 건 디저트야.
샌드위치부터 레몬 파운드까지 다양하지만 그중에서도
특히 퀸아망이 일품이라고 해. 재료 소진으로 일찍 품절될
정도로 맛있다고 하니 이곳을 방문할 예정이라면 흑임자
커피와 퀸아망을 꼭 먹어보길 바라. 다만 매장이 협소해
이용할 수 있는 테이블이 적으니 가능하다면 포장하길
추천해. 라운드어바웃은 당일치기라면 오전에, 1박
이상이라면 꼭 여행 첫날에 방문해야 하는 곳이야.
한 번 방문하면 분명, 또 오고 싶어질 게 확실하거든.

운영 시간 및 휴무의 변동 사항은 네이버 지도나
인스타그램을 확인해줘.

취향으로 대화하는 곳

111호 프로젝트

111호 프로젝트는 LP를 구경하면서 노래까지 들을
수 있는 청음 공간이야. 노래 장르가 정말 다양한데,
원한다면 취향에 맞는 노래를 추천해준다고 해. 친절하고
정 많은 사장님이 유쾌한 대화를 건네서, 혼자 여행을 와도
새로운 인연을 만드는 기분이 든다고. 스몰톡이 어려운
성향이더라도 걱정하지 않아도 돼. 방문객의 취향에 맞게
묵호의 맛집이나 장소 등 여행 코스를 추천해주거든.
매장의 한쪽에는 사장님이 직접 찍은 필름사진으로 만든
엽서와 책갈피가 전시되어 있고, 벽면에는 추천하는
해변 목록까지 적혀 있다고 해. 게다가 이곳을 다녀간
방문객들의 애정 어린 흔적도 붙어 있어. 다른 사람들은
어떤 마음으로, 어떤 이유로 이곳을 다녀갔을까? 혹은
내가 모르는 묵호의 또 다른 매력은 무엇일까? 이런저런
질문을 던지며 이전 방문객들이 남긴 여행의 조각을
엿보는 거야. 그들이 내면에 간직했던 문장들을 읽은 뒤
나의 문장도 덧붙여보자.

📍 강원 동해시 중앙시장길 12
　　뉴월드상가 1층 111호
📷 111ho_project

운영 시간 및 휴무의 변동 사항은 네이버 지도나
인스타그램을 확인해줘.

하루의 시작과 끝을
하늘과 바다와 함께

어쩌다 어달

오션 뷰가 아름다운 숙소를 찾고 있었다면 이곳, 어쩌다
어달을 꼭 눈여겨봐야 해. 칫솔, 치약부터 세안용품까지
다 제공하고 동해를 배경으로 묵을 수 있는 데도 비수기
기준 10만 원 미만의 금액이거든. 게다가 도보 2분 거리에
편의점이 있고 배달되는 음식점도 많아. 바다를 보고
싶은데 사람에 치이는 게 걱정됐다면, 속초나 강릉보다
한산한 이곳이 마음에 들 거야. 그리고 숙소 바로 앞이
한적한 어달해변이기 때문에 일출과 일몰을 감상하기에도
좋아. 물론 외출하지 않고 방 안에서만 뒹굴거리며 바다를
볼 수도 있어. 상쾌한 공기를 잔뜩 마시면서 종일 파도에
부서지는 바다 거품과 흐르는 물결, 별빛처럼 반짝이는
윤슬 그리고 붉은 보석 같은 일출과 분홍빛의 황홀한
일몰까지, 아름다운 것들을 눈에 담아봐. 잠시 전자기기는
멀리 치워두고 시간을 보낸다면 나면 여행이 끝난 뒤에도
오래도록 여운이 남을 거야.

- 홈페이지에서 원하는 방의 호수를 기억한 뒤
  네이버에 후기를 검색하고 뷰를 확인하자.
- 소음에 예민하다면 계단 옆 호수를 피하거나
  귀마개를 챙기도록 해!
- 5개월씩 예약 일정이 열리니 원하는 시기가 있다면
  미리 확인하도록 하자.

- 📍 강원 동해시 일출로 309
- 🕐 체크인 15:00 /
  체크아웃 11:00
- 🔗 eojjeoda-eodal.co.kr

강릉에서 출발하고 싶다면

강릉 – 정동진 – 묵호로 이동하는 누리로 열차 이용을
추천해. 자유석 기차이기 때문에, 일찍 탑승해서
C와 D열에 앉아 바다 뷰를 즐기도록 하자. 겨울에
이용한다면 A, B열에서 설산을 바라볼 수도 있어. 꿀팁!
서울에서 KTX를 타고 묵호를 오갈 때는 A열로 예매해야
바다를 보며 갈 수 있어.

여행 일정을 더 알차게 채우고 싶다면

'끼룩상점'에는 직접 찍은 사진으로 엽서를 만들어 판매해.
귀여운 시그니처 캐릭터 상품이 많아.

묵호다운 색다른 간식을 찾고 있다면

'가마솥옛강정'은 새우, 코다리 닭강정을 한번에 만날 수 있는
곳! 은은하게 달콤하고 매콤한 특제 소스가 중독적이야.

만족스러운 식사를 원한다면

걸쭉하고 진한 국물의 장칼국수가 먹고
싶다면 '대우칼국수'로 가봐. 얼큰하고
시원한데 짜지 않아서 맛있어. 더운
계절에 방문한다면 꼭 콩국수도 함께
주문하길 추천해.

해장이 필요하다면

'묵호우동'은 쫄깃한 면발에 깊은 국물이
끝내줘. 해장을 원한다면 홍게매운우동을,
여름에 방문한다면 냉우동을 추천해.

'친구, 연인'과
함께하는 이색 데이트

경기 수원

"우리 오늘 어디서 뭐 할까?"라는 질문에 부담을
느꼈거나 막막했던 적 있어? 소중한 사람과의 만남은
그 자체만으로도 물론 즐겁지만, 그럼에도 장소를 검색하고
후기를 찾아보는 일을 반복하는 게 노동처럼 느껴질 때가
있거든. 그런 순간이 와도 걱정 없이 즐길 수 있도록,
맛집부터 프라이빗한 소풍까지 수원 하루 코스를 준비했어.
이대로만 따라와도 즐거울 거야.

익숙하면서도
특별한

수원의 매력은 빠르게 변하는 유행과
언제나 변함없는 화성행궁이 공존하는 거라고
생각해. 오직 한국에서만 느낄 수 있는 도심 속
궁궐의 특별함을 수원에서 만끽해보자.

은근히 낯 가리지만 다정한

연하포차나

📍 경기 수원시 팔달구
　화서문로46번길 16 1층
🕐 화~일 12:00~20:00,
　라스트 오더 19:30 /
　월 휴무
📷 yeonha_pochana

혼자 방문할 때도 그렇지만, 내가 좋아하는 누군가와
함께일 땐 분위기와 맛만큼 중요한 게 친절함이잖아.
음식부터 기분까지, 실패할 걱정 없는 곳을 소개할게.
행궁동의 태국 음식 전문점 연하포차나는 낯을 많이
가린다는 내향형 사장님이 혼자 운영하는 곳이야.
어색하고 서툴 수 있지만 방문객이 불편하지 않게 최선을
다하겠다는 사장님의 마음이 담긴 장소라서 그런지,
맛있다는 후기만큼 친절하다는 후기가 정말 많아. 아담한
가게이기에 웨이팅이 있지만 합리적인 가격과 푸짐한
양, 감칠맛 넘치는 맛으로 행궁동에 올 때마다 이곳을
찾게 된다는 재방문객이 많은 맛집이지. 이곳의 대표
메뉴는 차진 밥에 매콤한 양념이 찰떡으로 어울리는 족발
덮밥인데, 그 외에도 진하고 깔끔한 육수와 쫄깃한 면의
쌀국수, 풍미 가득한 풍커리 덮밥까지 메뉴가 다양해.
연하포차나에서는 한 가지 메뉴만 인기 있는 게 아니라
모든 메뉴가 골고루 사랑받고 있어.

● 고수를 좋아한다면 고수 추가!
● 양이 많은 편이니 배고픈 상태에서 방문하기!

햇살과 디저트가 맛있는

패터슨커피

연하포차나에서 도보 2분이면 갈 수 있는 곳, 탁 트인 창가 뷰가 시원한 패터슨커피야. 이곳은 핸드드립과 수제 디저트 전문 카페인데, 산미와 깊은 맛이 느껴지는 커피를 선호한다면 추천하는 곳이지. 낮에는 통창의 자연 뷰가 예쁘고, 밤에는 아늑하고 은은한 분위기라 사랑받는 곳이야. 어딜 가나 사람이 많고 복잡한 행리단길에서 어디를 가야 할지 고민이었다면, 이곳의 차분한 분위기가 만족스러울 거야. 게다가 '수제 디저트 전문'이라는 말이 무색하지 않게 모든 베이커리는 매일 아침마다 직접 구워. 그뿐만 아니라 매장에서 사용하는 시럽, 페이스트, 과일청, 밀크티까지 모두 직접 만든다고 해. 그중에서도 겉은 바삭하고 속은 쫀득하면서 바닐라빈의 풍미가 진한 카눌레와 사워크림과의 조합이 독특한 치즈케이크가 베스트 메뉴! 속이 불편한 단맛이 아니라서 그런지 부모님과 함께 오기에도 좋은 곳이라는 후기가 많아.

📍 경기 수원시 팔달구 화서문로 33 2층
🕐 월~금 11:30~22:00 /
   토~일 11:00~22:00
📷 patersoncoffee
🐾 반려동물 동반 가능(전용
   가방이나 캐리어 필수)

도보 5분 거리에 장안동 주차장과 신풍동 주차장 등 공영주차장이 있어.

만남에 리프레시가 필요하다면

수원
시립미술관

기분 좋게 식사를 마쳤다면 슬슬 걸어서 수원시립미술관으로 가보자. 수원화성행궁 옆에 자리한 이곳은 수원 최초의 미술관이자 지역 작가를 후원 및 발굴하는 동시에 국내외 새로운 미술 경향을 소개하는 곳이야. 상설전시부터 기획전시까지 다채로운 전시가 열리는데, 그저 눈으로 관람하는 것에서 끝나지 않도록 관객참여형 전시를 많이 기획하는 편이야. 특히 수원 문화유산 야행 기간에는 미술관 실내 및 옥상에서 다양한 공연 프로그램도 진행된다고 해. 오페라, 대중가요, 재즈 등 장르의 폭도 넓으니 특별한 시간을 보내고 싶다면 이 기간에 맞춰 방문해도 좋아. 전시부터 도슨트까지 부담 없는 가격으로 흥미로운 시간을 보낼 수 있는 공간이니 잠깐의 여유를 즐겨보는 건 어때? 미술관에서 작품을 감상한 뒤 서로의 생각을 나누는 것도 색다르고 재미있을 거야.

- 📍 경기 수원시 팔달구 정조로 833
- 🕐 화~일 10:00~19:00 / 월 휴무 / 동절기와 하절기 입장 마감 시간 상이
- 💬 suma.suwon.go.kr/main/main.do
- 📷 suwon.museum.of.art

- 수원시립미술관은 홈페이지나 블로그에서도 뉴스레터를 운영하니, 방문 전 어떤 전시나 이벤트가 진행되고 있는지 확인하자.
- 매월 마지막 주 수요일 '문화가 있는 날'엔 전시 무료 관람이 가능하고, 미술관 운영 시간을 연장해.
- 도슨트를 듣고 싶다면 홈페이지에서 시간을 확인하도록 해.

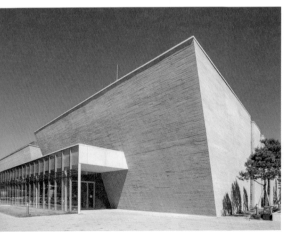

꽃향기에 둘러싸인 우리

민플라워
카페

- 📍 경기 수원시 장안구
  수원천로428번길 41 1,2층
- 🕐 화~일 11:00~19:00 /
  월 휴무
- 📷 min_flowercafe
- 🐾 반려동물 동반 가능

푸른 잔디밭에서 낭만적인 시간을 보내는 피크닉 로망을
이뤄줄 장소로 가보자. 방화류수정 근처 로맨틱한 외관의
2층 건물인 민플라워카페로 말이야. 이곳은 수원화성의
아름다움을 눈에 담으며, 싱그러운 생화의 향긋한 향기를
가득 맡을 수 있는 곳이야. 플라워 카페라는 이름이
무색하지 않게, 매장 곳곳에 아름다운 꽃이 보이기도
하지. 이곳의 피크닉이 특별한 이유는 바로! 피크닉 세트
대여 시간 무제한에 미니 꽃다발을 함께 제공한다는
점이야. 피크닉 세트는 음료 두 잔과 테이블, 라탄 바구니,
풍선, 직접 제작한 방수 돗자리까지 알차게 구성되어
있지. 게다가 작지만 조화롭고 예쁜 꽃다발은 '대여'가
아닌, '선물'이라고 해. 보통 피크닉 세트에 구성된 조화는
소풍이 끝난 뒤 반납해야 하잖아. 하지만 민플라워카페의
피크닉에서는 나와 소중한 이를 위해 만들어진 꽃다발을
받을 수 있어.

- 시간당 5만 원으로 매장을 대관할 수도 있어.
- 연무동 공영주차장이나 행정복지센터 주차장 이용을 추천해.

눈과 입과 귀가
모두 즐거운 공간

모닉

슬슬 배도 고픈데 분위기 좋은 곳에서 식사와 함께 더 진솔한 대화를 나누고 싶다면, 벽면까지 모두 나무로 둘러싸여 있어 아늑한 와인 바 모닉으로 발걸음을 돌려봐. '단 하나뿐인'이라는 의미를 가진 이곳은, 음악에 진심인 사장님이 오랜 시간 생각해온 이상적인 공간이라고 해. 독특하게도 매장으로 들어가는 입구가 숨겨져 있어서, 마치 비밀 공간을 발견해 몰래 숨어드는 기분이 드는 곳이기도 하지. 탐정이나 모험가처럼 잘 살펴서 문을 찾아보자. 빈티지 조명과 엔티크 가구 그리고 LP로 듣는 재즈까지, 흥미로움으로 가득한 곳이야. 모닉은 모든 메뉴가 다 맛있는데, 특히 닭다리 살 구이는 꼭 먹어보길 바라. 매시드 포테이토와 고추소스를 함께 먹는 조합이 아주 일품이야. 맛있는 음식 때문에 와인이 술술 계속 들어가 멈출 수 없는 곳이야. 여행을 특별하게 마무리하고 싶을 때 추천해.

📍 경기 수원시 영통구
   센트럴파크로127번길
   5-10 1층
🕐 화~금 17:00~24:00 /
   토 15:00~24:00 /
   일 13:00~22:00 / 월 휴무
📷 moniquebar___

매장 강아지와 근처 카페 그루비의 강아지가
친구라서, 그 친구가 모닉으로 가끔 놀러오기도 해.

행궁동 실패 없는 맛집을
더 알고 싶다면

'미식가의 주방'은 행궁동에서 오랜 시간
맛집 자리를 지켜온 곳. 배추 샐러드와
치폴레 크림 리카토니를 추천해. 확장 이전
후에도 여전히 단골들이 많이 방문한다고.

달달한 디저트를 좋아한다면

'누크눅'에서는 겉은 바삭한 크로와상에 속은 꾸덕한
크림치즈가 가득 들어 있는 '당근, 당근'을 판매해.
피스타치오, 바질, 약과 세 종류 중 선택할 수 있어.

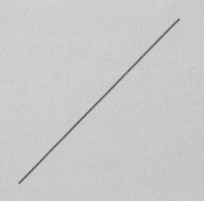

술이 술술, 밤까지 신나게 놀고 싶다면

'파닥파닥 클럽'은 아티스트들의 공연을
코앞에서 볼 수 있는 재즈클럽이야. 술과
음식, 뜨거운 환호로 지루할 틈이 없는
곳이야. 매주 '금토재즈클럽'이 열리니까
방문 전 예약하길 바라.

좀 더 알찬 시간을 보내고 싶다면

'일월수목원'은 일월저수지를 품고 일월공원과 연결되어 있어 다채로운
풍경을 자랑하는 곳이야. 마치 유럽 여행에 온 듯한 온실과 캠핑 분위기의
피크닉 존에서 낭만적인 시간을 보내봐.

PLACE

'부모님'과 함께,
익숙한 곳을 새롭게

전북 전주

부모님과 여행을 간다면 어떤 곳으로 가고 싶어?
자연과 한옥이 있는 곳부터 떠오를 거야. 하지만 평범하지는
않게 부모님을 만족시킬 수 있는 힐링 코스부터 톡톡 튀는
재미가 있는 체험까지, 한 끗 다른 코스를 소개할게.
여행이 끝나고 일상으로 돌아와도 종종
"그 여행 참 재밌었어" 하고 추억할 수 있도록 말이야.

PLANNING

부모님과
잊지 못할 추억 쌓기

촘촘한 스케줄을 소화하기보단
여유롭게 다니며 시간을
같이 보낼 수 있는 코스야.

조선의 역사와
숨결이 살아 숨 쉬는

전주 경기전

전주 경기전은 9만 평에 달하는 전주한옥마을에서도 1만 5천 평을 차지할 만큼 웅장한 규모를 자랑해. 조선 시대 초에 지어졌다가 임진왜란 때 소실되고, 광해 때 중건된 이곳은 태조 이성계를 모시는 경사스러운 터라고 하여 '경사스러운 터에 지어진 사당'이라는 뜻의 '경기전'이 되었다고 해. 그래서 태조 이성계의 어진, 즉 왕의 초상화가 있는 어진박물관이 있고, 전주사고도 있어 역사 탐방의 즐거움을 더해주지. 임진왜란 때 전주사고를 제외한 사고들이 불탔었다고 해. 그래서 이곳에 보관되어 있는 실록들에는 전주사고를 지키려고 했던 당시 의인들의 노력이 숨어 있어. 이런 사실들을 알고 방문한다면 감동이 더 커질 거야. 곳곳에 우거진 아름드리 나무들이 그늘을 드리워 산책하기에도 좋아. 사계절 내내 아름다운 풍경을 자랑하는 이곳에서 부모님과 함께 여유롭게 걸어봐.

📍 전북 전주시 완산구 태조로 44
🕐 매일 09:00~18:00
🐾 반려동물 동반 가능

전북투어패스를 통해서도 입장 가능해. 카드 한 장으로 숙박, 맛집, 체험 시설을 할인 받아 이용할 수 있고, 90여 개의 관광지를 무료 이용할 수 있으니 참고해줘.

🍴

한옥에서 먹는 전라도 한상차림

다문

📍 전북 전주시 완산구 은행로
　 74-8 다문
🕐 매일 11:30~21:00,
　 브레이크 타임
　 15:00~17:00
🐾 반려동물 동반 가능
　 (방문 전 연락 필수)

전주한옥마을에 위치하고 공간 자체도 한옥이어서
고풍스러운 멋이 있는 식당이야. 입구에 들어서면
중앙에는 마당이 있고, 기와, 마루, 창호문 등 옛 한옥을
그대로 살린 정겨운 공간이 나와. 이곳에서 한정식을
먹으면 왠지 더 맛있는 기분이야. 의자가 있는 자리와
신발을 벗고 들어가는 좌식 자리, 개별 온돌방으로
나뉘어 있어 원하는 자리가 있다면 예약하고 가는 것을
추천해. 추가 메뉴를 제외하면 메뉴는 딱 한 가지,
다문 한상차림이야. 전라도 한상 차림으로, 반찬들이
끝없이 나와 테이블을 가득 메우지. 떡갈비, 수육, 게장,
된장찌개, 각종 나물 반찬 등이 푸짐하게 나와 배부르고
든든한 한 끼를 먹을 수 있어.

여기는 박물관일까
가족오락관일까

전주난장

● 전북 전주시 완산구 동문길
   33-20
● 월~금 10:00~19:00 /
   토, 일 09:30~19:30
● www.jjnanjang.com
● 반려동물 동반 가능

전주난장은 온 가족이 함께 즐기기 좋은 체험형 테마
박물관이야. 25년간 모은 방대한 양의 수집품들로
꾸며진 70여 개의 테마 존은 어른들에게는 소중한
추억을 되살려주고, 아이들에게는 복고 체험을 안겨
줘. 구멍가게의 추억 어린 물건들, 국민학교를 그대로
재현한 교실, 1960~70년대의 살림집까지. 곳곳에서
만날 수 있는 반가운 풍경들은 세대를 아우르는 공감을
줄 거야. 무엇보다 이곳의 묘미는 관람에서 그치지 않고
직접 체험할 수 있다는 거야. 오락실 게임도 실컷 즐기고,
만화책도 마음껏 읽으며 모두가 어린 시절로 잠시 돌아가
볼 수 있어. 박물관이라는 이름이 무색할 정도로 재밌는
체험들로 가득해. 전파사, 이발관, 여인숙 등 거리를
통째로 옮겨 놓은 듯한 읍내 상점 테마 존의 풍경에서
부모님의 어린 시절 이야기를 나누어보는 건 어때? 몰랐던
부모님의 시간들을 들으며 소중한 시간을 만들어보자.

네이버 예약을 통해 할인된 가격으로 티켓을 구매할 수 있어.

248

은은한 향이 반기는 티 카페

차미라미

📍 전북 전주시 완산구
　경기전길 51 1층
🕐 화~금 11:00~18:00 /
　토 9:30~19:00 /
　일 9:30~18:00 / 월 휴무
📷 cha_mirami

전주한옥마을의 중심에 있지만 조용하고 차분한
공간이야. 티 카페인만큼 은은한 차의 향기와 닮은
공간이지. 주말에는 아침 9시 30분부터 여는 곳이라,
고요한 시간을 갖고 싶다면 오전 시간대도 추천해. 한옥
창호처럼 만든 창문 사이로 햇살이 가득 들어오기 때문에
이른 오전부터 햇살 샤워로 기분이 좋아질 거야. 기와가
멋진 외관과 모던한 내부가 어우러져 있는 이곳은,
예쁜 다구들이 진열되어 있어 구경하는 재미도 있어.
다양한 찻잎과 티백, 예쁜 문양의 유리잔들을 보면
소장하고 싶어질 수도! 잎차, 허브차 등 차 종류가 가장
많고, 커피나 다른 음료도 다양해. 특히 카페 이름을
딴 '차미에이드'는 매실과 청포도의 맛이 나는 상큼한
에이드로, 청량해서 여름에 생각나는 맛이야. 또 하나의
추천 메뉴는 바로 인절미 푸딩! 푸딩에 인절미라니,
동서양의 생소한 조합이지? 달달한 시럽에 고소한 인절미
맛, 부드러운 식감에 어르신들도 좋아하실 디저트야.
시끌벅적하지 않아 대화에 집중할 수 있는 이곳에서
부모님과 도란도란 이야기 꽃을 피워보는 건 어떨까?

정1품으로 하룻밤 보내기

왕의지밀

왕의 침소를 뜻하는 왕의 지밀은 '부모님이 편안하게 쉴 수 있는 호텔은 어떤 곳일까?'라는 고민에서 출발해, 전주의 특색을 드러내면서 편하게 묵을 수 있도록 세심하게 설계한 한옥 호텔이야. 한옥마을과는 거리가 다소 떨어진 조용한 동네에 위치해 있지만, 그래서 더 고즈넉한 한옥의 분위기를 느낄 수 있어. 여러 채의 한옥으로 이루어져 있고, 그 사이사이에는 넓은 잔디밭이 있어 예쁜 조명이 켜진 밤에 산책하기도 좋아. 객실은 서까래 천장, 자개농, 한지 조명, 도자기 소품 등 깔끔하지만 한옥의 멋을 살린 인테리어로 꾸몄어. 재밌는 점은 객실의 이름이 정1품부터 정5품까지 있다는 점! 전주에서의 하룻밤을 이런 숙소에서 묵는다면, 마치 시대물 속으로 들어온 것 같아 더 기억에 남을 거야.

📍 전북 전주시 완산구 춘향로
5218-7
🔗 royalroom.co.kr

정1품 숙소를 예약하면 웰컴 기프트를 줘.

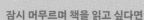

✳ **여기도 추천해**
PLAN B

잠시 머무르며 책을 읽고 싶다면

'연화정도서관'은 전주의 아름다운 덕진공원 안에 있는
도서관이야. 연꽃이 핀 연못 위 한옥의 경관이 정말 멋져.
한국의 미를 주제로 큐레이션한 책들로 가득한, 가장
한국적인 곳이야.

**자연 속에서 푹 쉴 수 있는
숙소를 찾는다?**

'모악산의 아침'은 울창한
숲속 햇빛이 잘 드는 곳에 있는
갈색 벽돌집 숙소야. 사장님이
실제로 자랐던 공간을 사람들과
나누고 싶어 만들었다고. 거실의
흔들의자에 앉아 큰 통창으로 초록
풍경을 볼 수 있는 힐링 만점 숙소!

멋진 야경을 보고 싶다면

'청연루'는 남천교 위에 세워진
한옥 누각으로, 아래로는 하천이
졸졸 흐르고 뒤로는 산이 보이는
멋진 곳이야. 낮에는 고즈넉한
멋을 느낄 수 있고, 밤에는
조명이 켜져 멋진 야경을 볼 수
있어.

꽃 구경을 가고 싶다면

'전주수목원'은 계절마다 다른 꽃과 나무들을 보며
사부작사부작 걸을 수 있는 수목원이야. 호젓한
정자와 둘러싼 자연을 한 폭의 그림처럼 담을 수
있는 '풍경 쉼터'가 대표 포토존이야.

색다른 베이킹 클래스에 관심 있다면

'카이막전문점혜광당'으로 가보자. 카이막과 쫄깃한 빵의
조합을 먹을 수 있는 카페이자, 직접 만들어볼 수도 있는 베이킹
클래스가 있는 곳이야. 베이킹에 진심이라면, 이번엔 색다르게
터키빵에 도전해보는 건 어떨까?

PLACE

'반려동물'과 함께
잊지 못할 추억
만들기

전북 임실

매일 산책하는 곳을 벗어나 넓고 자유로운 공간에서
우리 댕댕이가 마음껏 뛰어놀고 신나게 냄새를 맡을 수
있다면 얼마나 좋을까? 자유분방한 영혼의
댕댕이를 위해 애견의, 애견에 의한,
애견을 위한 여행을 떠나보자.

PLANNING

세상에서 가장 귀여운
나의 가족과 함께하기

여행을 갈 때마다 눈에 밟혔던 나의 가족.
귀여운 반려동물이 어디서나
환영받는 여행 코스야.

호수를 뒤로 꽃밭이 펼쳐진
그림 같은 풍경

옥정호

📍 전북 임실군 운암면 입석리
  458
🐾 반려동물 동반 가능

옥정호는 거대한 인공호수로, 산이 호수를 감싸 안은
것 같은 모습이 아름다운 곳이야. 특히 5월에는 작약이
피는데, 호수를 배경으로 만개한 작약꽃밭을 볼 수
있는 전국 유일한 장소이기도 해. 옥정호를 따라 무려
7,200m²의 엄청난 규모의 작약꽃밭이 펼쳐지는데,
흰색과 분홍색 꽃들이 어우러져 그림 같은 풍경을 만들어
내지. 아침 일찍 가면 아침햇살을 받아 호수 수면으로부터
아지랑이처럼 피어오르는 물안개도 볼 수 있어. 신선들이
나올 것만 같은 이 물안개를 더 가까이에서 볼 수 있도록
호수 주변에 물안갯길을 조성해놓았으니, 이 길을
따라 걸어봐. 걷다 보면 임실 요산공원부터 붕어섬
생태공원까지 이어주는 출렁다리도 만나게 될 거야.
420m의 아주 긴 다리로, 중간에는 전망대도 하나 있는데
여기서 360도로 둘러보는 옥정호의 풍경도 멋있으니
놓치지 말기!

아름다운 호수를
내려다보는 바비큐장

애뜨락

📍 전북 임실군 운암면 운정길
   70-20
🕐 월~금 10:00~20:00 /
   토, 일 10:00~21:00
🐾 반려동물 동반 가능

산꼭대기에 있어 옥정호가 한눈에 보이는 이곳은 바비큐 캠핑장이야. 강아지들은 잔디밭에서 바깥공기를 마음껏 맡고, 사람들은 맛있는 바비큐를 즐길 수 있는 곳이지. 야외석과 안쪽 글램핑석으로 나뉘어 있는데, 야외석은 잔잔한 호수와 둘러싼 산 뷰까지 눈에 담으며 먹을 수 있고 글램핑석은 벌레가 적어 쾌적하고 프라이빗하게 바비큐를 즐길 수 있으니 취향에 맞게 골라 줘. 재료는 모두 별채 건물에 있는 셀프 바를 이용하면 돼. 고기와 채소는 물론, 햇반, 파닭꼬치, 찌개 밀키트 같은 요리들도 있어. 그뿐만 아니라 이곳은 다른 바비큐장과 달리 별도의 자릿세가 없고, 숯불도 무료로 제공되기 때문에 장비나 준비물 없이 맨몸으로 와도 바비큐 캠핑을 즐길 수 있다고. 바로 옆의 카페에서는 바비큐를 이용한 손님이라면 커피가 할인되니 참고해줘.

• 주말에는 네이버 예약을 통해 미리 예약하는 것을 추천해.
• 외부 음식은 반입 금지인 점을 유의해줘.

귀여운 레트리버가 있는 곳

카페
우유일기

📍 전북 임실군 임실읍
   치즈마을2길 38 1층
🕐 매일 11:00~20:00
📷 uyou_diary
🐾 반려동물 동반 가능

새끼 토끼와, 산양, 귀여운 레트리버들이 반기는 이곳은
마치 작은 농장 같은 카페야. 동물 친구들이 옹기종기 모여
있어 우리 집 반려동물도 덩달아 신이 날 거야. 염소들과
놀고 싶어 꼬리를 흔들며 팔짝팔짝 뛰는 강아지들이 이미
여럿 다녀갔다고. 카페에는 동물 먹이도 따로 팔아서,
직접 구매 후 먹이는 체험도 할 수 있다. 카페는 본관과
별관으로 나뉘어 있고, 마치 우유갑의 세모난 모양을
형상화한 것 같은 천장과 지붕이 이 공간의 특징이야. 또
다른 특징은 바로 이곳에서 파는 메뉴들! 카페 옆에 있는
목장에서 직접 생산한 우유로 카페 음료 메뉴를 만들고
있어. '리얼 우유'로 시작하는 음료 메뉴들과 요거트
메뉴들 모두 갓 짠 우유로 만들어 신선하고 달달해. 임실에
위치한 카페답지? 미리 예약하면 치즈 만들기 체험도
가능해서 아이들과 함께하기도 좋아. 평소 먹던 것보다 더
고소하고 신선한 우유로 만든 라테 한 잔을 시켜 평화로운
오후를 보내봐. 우리 집 강아지도 옆 테이블 친구들과
노느라 지루할 틈이 없을 거야.

치즈에 관한 모든 것

임실치즈
테마파크

'임실' 하면 치즈가 생각나는 만큼, 임실에는 아주 큰 규모의 치즈테마파크가 있어. 임실에 있는 농가들에서 만든 모든 치즈를 한자리에서 만나볼 수 있는 치즈 판매장뿐만 아니라 직접 치즈, 피자 만들기 체험을 할 수 있는 재밌는 프로그램들이 있고, 치즈와 관련된 여러 가지 이야기들을 살펴볼 수 있는 전시관도 있어. 그야말로 치즈에 관한 모든 것이 있는 곳이라고 할 수 있지. 특히 최근에는 임실치즈역사문화관이 새로 개관했는데, 실제 치즈가 만들어지는 공정도 볼 수 있어. 치즈테마파크는 물론 치즈와 관련된 놀 거리로 가득한 곳이지만, 아름다운 공원 역시 빼놓을 수 없어. 이곳의 자연경관은 치즈로 유명한 스위스의 아펜젤 마을을 본떠 만들었다고 해. 너른 들판에서 동물들도 구경할 수 있고, 시기에 따라 장미 축제, 국화 축제도 열려 자연을 즐기기에도 좋아.

반려동물은 치즈, 피자 만들기 체험이나 실내 체험에는 동반이 어렵지만, 야외에서는 목줄만 착용하면 동반 입장이 가능해.

📍 전북 임실군 성수면 도인2길 50
🕐 화~일 09:00~18:00 / 월 휴무
🐾 반려동물 외부 동반 가능

애견의, 애견에 의한,
애견을 위한 공원

오수
의견공원

이곳은 국내 최초로 반려동물을 위한 시설을 갖춘 테마파크야. 잔디가 깔려 있는 반려동물 전용 놀이터와 훈련장, 산책로, 오수개연구소 등이 있고 상시로 무료 개방하고 있어. 특히 놀이터가 워낙 넓어서 도심에서 마음껏 뛰어놀지 못했던 강아지들과 공놀이도 할 수 있고, 다른 강아지들과 함께 놀며 사회성을 기를 수 있는 좋은 기회이기도 해. 소형견, 중, 대형견 놀이터도 분리해두어서 걱정할 필요 없어. 하천이 옆에 흐르고 꽃길이 잘 조성되어 있는 산책로도 있으니 충분히 뛰어 놀았다면 조용히 오붓하게 산책을 해도 좋아. 참고로 이 공원의 이름인 '오수'는 옛날 옛적 주인을 구하기 위해 목숨을 다한 충견 오수개의 이야기에서 유래한 말로, 공원 곳곳에서 오수개 동상도 볼 수 있어. 또, 해마다 오수개를 기리는 유서 깊은 행사도 열리는데, 반려동물과 함께할 수 있는 즐거운 축제로 유명하니 축제 날짜를 기억해두고 맞춰 떠나보는 것도 좋을 거야.

📍 전북 임실군 오수면 충효로
2096-16
🏷 반려동물 동반 가능

오수의견문화제는 개가 주인공이 되는 애견큰잔치로,
매해 5월에 열리고 있어.

조용히 사색하는 공간에서 시간을 보내고 싶다면

커다란 느티나무가 반기는 호젓한 마을에 있는 '김용택
시인문학관'은 '글이 모이는 집'이라는 뜻을 가진
'회문재'로 불리기도 해. 그의 생가였던 이곳의 서재에서
조용히 글을 읽어보고, 방명록도 남겨보자.

기력 보충을 위한 식사를
원한다면

'오수수산'은 연탄구이에
장어를 구워 먹는 곳이야.
캠프파이어를 하는 듯한
좌석들이 독특해. 밥, 김치를
직접 가져가서 먹어도 되고,
장어로 승부를 보는 장어구이
맛집이야.

걸으며 자연을
느끼는 곳에 가고 싶다면

'붕어섬 생태공원'은 옥정호
출렁다리를 건너면 나오는 곳으로,
산책로를 따라 걸으면 계절마다
예쁜 꽃들을 만날 수 있는
공원이야. 카페도 있으니 잠시
쉬었다 가봐.

멋진 뷰가 있는 맛집을 찾는다면

'리체'는 높은 곳에 있어 뷰가 좋은, 앤티크하고
클래식한 인테리어가 예쁜 경양식 돈가스집이야.
노부부가 운영하는 이곳은 주문과 동시에 조리해
시간은 다소 걸리는 편이지만, 멋진 뷰가 있어
기다릴 때 심심하진 않을 거야.

PLACE

'아이'와 함께
자연과 교감하기

충남 예산

평소에 아이가 도심에서는 경험하지 못했고,
할 수 없었던 것들을 다양한 체험을 통해 직접 느낄 수 있도록
여행을 떠나보자. 시멘트가 아닌 흙에서, 전자기기가 아닌
자연에서 새로운 것들을 접하는 기회가 될 거야.
아이가 어느 누구의 눈치도 보지 않고 마음껏 뛰어놀 수
있도록, 불편함 없이 함께 즐기는 코스를 소개할게.

아이도 나도
잊을 수 없는 추억을 위해

안전한 곳에서 편히 뛰어놀며 자연의
향기를 함께 경험하는 코스.
꺄르르 아이의 웃음을 들으며 마음까지
충만한 기쁨의 여행을 시작해보자.

새롭고 의미 있는 경험을
아이에게 선물하는 곳

달보드레
딸기농장

📍 충남 예산군 삽교읍
　 윤봉길로 1722-34
🕐 매일 10:00~18:00
　 (농장 상황에 따라 변동
　 / 12~4월에만 수확 체험
　 가능)
📷 yedal2021
🍴 아이 동반 및 체험 가능

예약이 필수인 이곳, 달보드레 딸기농장에서는 총 2시간
20분 동안 딸기를 수확할 수 있어. 아이와 함께 직접
카트를 밀고 다니며 정해진 구역 안에서 딸기를 수확하면
돼. 내 손으로 직접 딴 딸기를 먹는 경험으로 아이에게
수확이란 무엇인지, 농작물을 어떻게 대해야 하는지
가르쳐줄 수 있어. 이곳에서 수확한 딸기는 저울로 잰
후, 시가로 책정된 금액으로 구매하면 돼. 수확 외에도
미니 케이크, 컵 케이크, 딸기 초코 퐁듀 만들기 등 다양한
체험을 할 수 있다고 해. 게다가 농장 옆에는 아이들이
마음껏 놀 수 있는 키즈 놀이 존이 있어. 미끄럼틀부터
정글짐, 모래놀이터, 에어바운서, 트램펄린 등 다양한
기구를 구비하고 있다고. 눈치 보지 않고 신나게 놀면서
새로운 친구도 사귈 수 있는 곳이야. 어른들이 앉아서 쉴
수 있는 공간도 있으니 일정을 여유롭게 짜서 방문하길
추천해.

- 한 팀당 최대 5명까지 동반 이용 가능하고
  24개월 미만 아이는 입장료가 무료야.
- 주말엔 10시, 12시, 14시 총 세 타임으로 운영돼.
- 하우스는 건물이 아닌 비닐이기 때문에 난방을 해도 많이
  춥다는 점을 인지하고 핫팩 등을 챙겨가자.
- 하우스에 벌이 있을 수 있어!

아이도 어른도
맛있게 먹을 수 있는

진한국밥

📍 충남 예산군 삽교읍
수암산로 232
🕐 목~화 10:00~20:40,
브레이크 타임
15:00~17:00 /
수 휴무
🪑 유아 의자 구비

예산 사람들이 애정하는 맛집을 추천할게. 한국인이라면 남녀노소 좋아할 수밖에 없는 국밥집이거든. 수육국밥, 순대국밥, 김치국밥, 얼큰 국밥 등 이곳, 진한국밥에서는 입맛을 저격하는 깊은 국물의 맛을 느낄 수 있어. 국밥 외에도 순대가 맛있기로 유명해. 잡내가 나지 않아서 국밥을 먹을 때 사이드로 순대를 함께 주문하는 방문객이 많아. 게다가 아이를 포함해 온 가족이 함께 방문하는 경우가 많아서 그런지, 주차 공간도 넉넉하고 유아용 의자와 숟가락도 따로 구비하고 있다고 해. 그 덕분에 아이와 어른 모두 든든하고 편하게 식사를 할 수 있어. 얼큰 국밥은 많이 매콤한 편이니, 아이와 함께라면 수육국밥과 함께 착한 순대나 감자만두를 주문하길 추천해. 고기 양도 푸짐하고, 국물도 순한 편. 이른 시간부터 저녁까지 운영하는 곳이라 언제 가도 좋지만, 브레이크 타임을 꼭 피해서 방문하길 바라.

생각보다 귀엽고
예상보다 짜릿한

예당호
모노레일 +
출렁다리

모노레일
📍 충남 예산군 응봉면
   예당관광로 158
🕐 동절기와 하절기,
   평일과 주말 모두 상이
출렁다리
📍 충남 예산군 응봉면
   후사리 39
🕐 매일 09:00~22:00 /
   12~2월 09:00~20:00 /
   매달 첫째 월 휴무
🌐 yedangmonorail.co.kr

식사를 마쳤다면 이제 예당호의 모노레일을 타러 가보자.
마치 어린이 놀이기구처럼 귀엽지만, 막상 탑승하면
지루함이라고는 찾아볼 수 없을 거야. 눕다시피 가파른
오르막길과 낭떠러지 같은 구간을 통과하기 때문에
짜릿한 스릴이 느껴지거든. 게다가 모노레일의 동선마다
재미를 더해주는 요소인 동물 동상 등 아이들이 좋아할
만한 것들이 많아. 모노레일은 예당호와 산책로,
조각공원까지 다 보이고 1.3km 약 20분 정도 소요돼.
다만, 웨이팅이 있는 편이니 티켓 예매부터 하고
출렁다리를 방문하거나 주변을 구경하는 것을 추천해.
예당호를 시원하게 가로지르는 402m의 출렁다리는
은근하게 흔들려서 꽤 재미있어. 선선한 바람을 맞으며 물
위를 걷다 보면 리프레시되는 기분을 느낄 수 있을 거야.
다리 중간의 전망대에서는 예당호의 전경을 내려다볼 수
있으니, 꼭 올라가 봐.

시간이 느리게 흐르는 곳

메타 세쿼이아길 + 댑싸리원

활동적인 시간을 보냈으니 이제 차분한 휴식도 필요하겠지? 메타세쿼이아길은 예산과 덕산을 방문하는 여행객들에게 사랑받는 산책 코스야. 어떻게 찍어도 사진이 예쁘게 나오고 푸른 나무들이 반겨주는 곳이라 방문할 때마다 기분 좋아지거든. 특히, 이곳은 댑싸리원 억새원과 아주 가까우니 두 곳을 함께 방문하길 추천해. 초록초록한 풍경으로 마음까지 싱그러워질 거야! 주차는 예산군관광안내소 옆 공영주차장을 이용하면 돼. 산책을 충분히 즐겼다면, 메타세쿼이아길에 있는 빨간 우체통을 찾아봐. 바로 멸종된 지 45년 만에 자연부화에 성공한 황새가 돌아온 날인 2016년 7월 23일을 기념하는 의미로 만들어진 '느린 우체통'이야. 그 때문에 엽서를 넣으면 매년 7월 23일에 발송돼. 여행 기념으로 서로 혹은 스스로에게 편지를 써보는 건 어때? 시간이 흐른 뒤 엽서를 받았을 때, 마치 그림처럼 여행이 선명하게 떠오를 거야.

메타세쿼이아길
📍 충남 예산군 덕산면 사동리 477
댑싸리원
📍 충남 예산군 덕산면 사동리 461

맨발 걷기 코스도 마련되어 있어.

이름만큼 센스 있는
메뉴들이 기다리는

Yes
mountain

📍 충남 예산군 덕산면
　광천홍암길 64-17 1층
🕐 화~금 09:00~18:00 /
　토, 일 09:00~19:00 /
　월 휴무
📷 yes__mountain
🐾 반려동물 동반 가능

걸었으니 다시 배가 출출해졌겠지? 너무 부담스럽지
않게 식사할 수 있는 카페 겸 맛집을 추천할게. 이곳은
브런치 맛집으로 유명하지만, 언제 가도 맛있는 식사를 할
수 있는 예스 마운틴이야. 예산의 이름을 영어로 귀엽게
표현했다고 해. 이곳에서는 알배추 시저 샐러드, 차돌
봄나물 파스타 등 꽤나 다양한 식사 메뉴를 판매해. 게다가
계절마다 새로운 메뉴를 선보이기도 하지. 모든 음식 도장
깨기를 하고 싶을 정도로 맛있다는 후기가 정말 많아. 특히
사과 시즌엔 예산 사과로 만든 샐러드나, 직접 만든 사과
잼을 이용한 샌드위치도 선보여. 신선하고 새콤달콤한
사과로 만든 음식들이라니, 이름만큼이나 메뉴 선정도
센스 있는 곳이야. 프렌치토스트나 커피도 맛있다고
호평이니 배가 많이 고프지 않다면 달달한 간식을
주문해도 좋을 거야. 카페 자체도 예쁘고, 분위기가
좋으니 기분 좋은 시간을 보내길 바라.

- 휴무 및 메뉴 관련 공지 인스타그램으로 확인하고 방문하기!
- 종종 귀엽고 늠름한 레트리버 친구가 방문한다고 하니,
  강아지를 무서워한다면 방문 전 문의로 확인하기.

✦ 딸기 철이 아닌 다른 계절에 방문하고 싶다면

'백설농부'는 라테부터 무설탕 음료와 쫄깃한
경단까지 맛있는 게 가득한 카페야. 샤스타데이지,
수국, 튤립, 수선화 등 계절마다 다른 꽃들로 꾸며진
정원에서 다채로운 아름다움을 느낄 수 있어.

✦ 풍경이 아름다운 곳을 원한다면

'서산유기방가옥'에 들러봐. 여기는 100년
된 고택 주변의 언덕을 노란 별 같은 수선화가
물들인 풍경으로 유명해. 한지공예와 향수 등을
만드는 클래스부터 전통문화를 직접 체험하는
프로그램까지 알찬 경험을 할 수 있어.

✦ 다른 메뉴로 식사하고 싶다면

'대흥식당 본점'은 고소하고
진한 맛의 어죽으로 유명한
로컬 맛집이야. 비리지
않고 칼칼한 맛이라 민물
새우튀김과 함께 먹으면 궁합
최고! 후추맛이 강한 편이라
아이들에겐 매울 수 있어.

✦ 식사 후 카페에 가고 싶다면

'안낙'에서 달콤한 더치베이비를 먹어보자.
바나나 초코 라테도 맛있고 푸짐한 과일이
올라가는 와플도 인기가 많아. 카페 입구에 작은
분수가 있어서 사진을 찍기도 좋아.

'연인'과 함께 낭만 가득한 하루 보내기

충북 충주

연인과 매번 하던 일상적인 데이트 말고,
가까운 곳에서 보다 애틋한 시간을 보내고 싶다면 충주로
떠나보자. 웃음이 새어나오는 맛있는 음식은 물론이고,
낮에는 숲속 오두막 카페에서 오붓한 시간을 보내며
밤에는 하늘이 보이는 잔디 위에 누워 낭만적인
야외 영화제를 같이 즐길 수 있어.
오늘 밤이 오래오래 떠오를지도.

PLANNING

시간이
이대로 멈췄으면

새로운 장소가 주는 설렘을 느끼며
낯선 곳에서 서로에게 더 집중하면서
애틋한 시간을 보내자.

도심의 답답한 빌딩 숲을
벗어나며 느끼는 해방감

충주호
36번 국도
드라이브

📍 충북 충주시 동량면 함암리
361

충주호는 532, 82, 36번 도로가 감싸고 있는데, 그중에서
충주호를 가장 가깝게 느낄 수 있는 36번 국도를 추천해.
중간중간에 휴게소와 전망대도 많으니 여유를 느끼며
천천히 즐겨봐. 익숙한 곳에서 벗어나 드라이브를 하며,
서로 플레이리스트를 공유해보자. 새롭게 좋아하게 된
노래를 맞혀보기도 하고, 추천하기도 하면서 여행의
시작을 연다면 언젠가 그 노래를 다시 들을 때 그날의
날씨와 감정과 대화까지 떠오를 거야. 충주호의 넓고
시원한 뷰와 주변의 아름다운 풍경까지 감상하고, 서로의
취향을 더 깊이 알아가는 시간을 가져봐도 좋겠지. 충주호
근처에 있는 중앙탑공원이나 악어봉도 함께 둘러보길
추천해.

마치 악어 떼가 물속으로
기어 들어가는 모습

악어봉

악어봉
- 📍 충북 충주시 살미면 신당리

게으른 악어
- 📍 충북 충주시 살미면
  월악로 927
- 📷 lazy._.caiman

위에서 바라본 모습이 마치 악어들이 모여 있는 것 같아
보여 이름이 붙여진 악어봉이야. 이곳에서 보는 산과
호수, 하늘의 조합이 아주 신비롭고 멋지기 때문에
충주호에 왔다면 꼭 들러보길 추천해. 악어봉은 왕복
약 2km로 한 시간 정도 걸리는 등산 코스인데. 체력이
약하거나 등산 초보라면, 시간이 두 배는 더 소요될 수
있으니 여유 있는 일정으로 방문하길 바라. 간단한 간식과
물을 챙기는 것도 중요하지만 꽤 가파르기 때문에 편한
옷과 운동화 착용은 필수라는 점 기억해줘! 씩씩하게
정상까지 도착했다면, 생수 한 모금하고 일단 주위를
둘러봐. 마치 외국에 온 느낌도 들고, 시야에 담기는
모든 것이 온통 푸르고 싱그러울 거야. 그리고 완주의
뿌듯함을 만끽하는 거지. 악어봉 근처 게으른 악어 카페에
무료로 주차할 수 있어. 이 카페에서는 충주호와 월악산을
배경으로 라면을 끓여 먹을 수 있는데, 선라면 후등산을
추천해. 악어봉 정상의 풍경이 더 인상적이기도 하고 분명
등산 중간에 배가 고플 거거든!

누군가는 20년 동안 사랑한 곳

그린가든

📍 충북 충주시 동량면
동산로 12

🕐 금~수 11:30~21:00,
브레이크 타임
16:00~17:00,
라스트 오더 19:30 /
목 휴무

충주 하면 생각나는 송어회와 흔히 보기 어려운 향어회를 만날 수 있는 곳! 충주 주민들이 사랑하는 찐맛집을 추천할게. 오래된 건물이지만, 그만큼의 세월이 흘렀어도 변함없는 맛집이라고 해. 온 가족이 20년째 단골이라는 후기도 있지. 이곳은 야채 비빔회를 전문으로 하는데, 전통적인 방법으로 가공한 고추장으로 제조한 초고추장 맛이 일품이야. 전혀 비리거나 느끼하지 않고 숙성이 잘된 회와 함께 나오는 야채를 넣고 그린가든의 특제 초고추장을 더한 뒤 잘 비벼 야채 비빔회를 한입 가득 넣어보길 바라. 새콤달콤하고 신선해서 만족스러울 거야. 송어회를 주문하면 기본으로 제공되는 매운탕까지 양도 많고 맛있으니 추천 해. 국물 맛이 아주 시원하고 수제비까지 들어 있지. 배가 부른데도 수저를 멈출 수 없는 맛이야. 참기름과 콩가루를 섞어서 먹는 송어회 그리고 쫀득쫀득한 식감의 향어회가 그리워서 충주를 또 찾게 될지도 몰라.

● 쏘가리회는 사전 예약 필수! 둘이 가면 1kg으로
 주문하는 걸 추천해(2kg은 성인 세 명이 배부르게
 먹을 수 있는 양이라고 해).
● 매우 넓은 주차장!

영화의 한 장면 속으로
들어온 것만 같아

째즈와 산조

📍 충북 충주시 지곡6길 39
🕐 화~토 13:00~24:00 /
   일, 월 휴무

왠지 숲속의 마법사가 떠오르는 분위기의 이곳은,
아늑하고 빈티지한 통나무집 카페이자 바 째즈와
산조야. 아끼고 아끼는 장소라고 표현하는 방문객이
많을 정도로, 한 번 방문하면 계속 떠오르는 곳이라고
해. 시내와 시장에 가깝지만 갑자기 숲속에 들어온 것만
같은 분위기의 마당이 있고, 감자라는 귀여운 강아지가
사랑스럽게 반겨주지. 다양한 커피, 논커피 메뉴가
있는데 커피 빙수가 특히 맛있다고 호평이 자자해. 음료를
시키면 누네띠네처럼 작은 과자 혹은 초콜릿을 같이
준다고. 또 저녁에는 바로도 운영되어 칵테일, 양주,
잔술, 맥주 등도 즐길 수 있어. 째즈와 산조는 저녁에 더
로맨틱하고, 아늑하고, 영화 같은 분위기를 뽐내지만,
낮에 가도 충분히 아름다워. 잔잔하게 흐르는 재즈와
분위기 탓에 평소와 달리 영감이 막 샘솟는다거나 속에
꽁꽁 숨겨두었던 비밀을 나도 모르게 말하고 싶어질지도.
여행을 핑계로 평소에 못했던 대화들을 나눠보는 건 어때?
그 순간이 더 특별한 여행을 만들어줄 거야.

얼음 러버라면 아이스 메뉴 주문할 때 얼음 가득
넣어달라고 요청하기!

일 년치 낭만을 한 번에
충전해주는

비채커피

📍 충북 충주시 노은면
　솔고개로 737
🕐 매일 10:00~21:00 /
　돗자리 영화제 19:30 시작
　(24.05.24~26 기준)
📷 viche_coffee
🐾 반려동물(목줄 착용 필수)
　야외, 테라스 동반 가능

피크닉, 영화, 선선한 날씨의 밤. 하나하나 떠올려도
각각 낭만을 느낄 수 있는 이 셋을 하나의 조합으로 묶어
경험할 수 있는 곳이 있어. 바로 비채커피야. 400평의
잔디를 보유한 카페인데, 춥지 않은 계절이 오면 잔디밭에
돗자리를 편 뒤 다 같이 넓은 스크린으로 영화를 보는
야외 영화제 '돗자리 영화제'를 진행해. 이렇게 낭만으로
가득한 돗자리 영화제가 무료라는 거! 또 불멍도 즐길 수
있고, 마시멜로와 고구마를 구워 먹을 수도 있어. 팝콘,
피자, 파니니, 맥주 같은 음식과 음료를 팔고 있으니
영화관에서처럼 야식을 곁들여보는 건 어때? 영화제는
네이버로 예약할 수 있고, 반려동물도 함께 갈 수 있어.
캠핑박스와 돗자리, 좌식 등받이 의자를 대여해주는
피크닉 세트도 있으니 두 손 가볍게 가도 괜찮을 거야.
하지만 저녁 7~8시에 상영을 시작하니, 추위를 많이
탄다면 담요나 외투는 챙겨가자. 상영작이나 영화제 일정
등 자세한 정보는 인스타그램에서 확인할 수 있어.

● 무료 주차장이 있어.
● 우천 시에는 실내 영화제로 변경돼.

✦
왠지 고기가 당기는 날이라면

누룽지 백숙과 뚝배기 누룽지가 아주 맛있는 '숲속장수촌'
혹은 밑반찬까지 맛있는 오리 꼬치구이 맛집 '민속가든'을
들러봐도 좋아.

✦
차가 없거나 풍경을 더 진하게 즐기고 싶다면

청풍호 관광 모노레일을 통해 아름다운 충주호 풍경을 두 눈에
담아봐. 꽤 가파른 경사를 오르기 때문에 스릴은 덤!

✦
봄, 여름에 방문했다면

'활옥동굴'에서 투명 카약을 타고 노를 저으며 동굴 안을
구경해보자. 와인 저장고에서 시음도 할 수 있어. 동굴 안은
추우니까 겉옷 챙기기!

PLACE

함께 일하는
'동료'들과

서울 마포

같은 곳을 바라보고 함께 나아가는 동료들은
힘이 되는 든든한 존재야. 혼자라면 못할 일들도 힘을 합치면
이뤄낼 수 있으니까. 하루쯤은 매일 일하던 공간에서
벗어나 동료들과 함께 색다른 공간에서 시간을 보내는 건
어때? 서로에 대해 더 잘 알게 되면 더 오래 함께
성장할 수 있을 거야.

마포에서 우리만의
아지트 만들기

아침부터 저녁까지 걸어서 이동할 수 있는
코스야. 마포에 숨어 있는 보석 같은 장소들을
방문하며 우리 마음에 쏙 드는
아지트를 만들어보자.

가치 있게 일하는 사람들이
연결되는 곳

데스커
라운지

일을 잘하고 싶은 사람들을 위한 놀이동산 같은 곳이야.
전시부터 일하는 공간, 일잘러를 만나 연결되는 시간까지
알차게 하루를 보낼 수 있어. 공간에 들어가면 호그와트가
떠오르는 긴 책상을 만나게 돼. 이곳에서 일을 하다가
리프레시가 필요할 때는 잠시 딴 곳으로 눈을 돌려보자.
스티브 잡스의 스승 빌 캠벨과 같은, 역사 속 일잘러에
대한 디깅 전시를 보며 일에 대해 고민을 해볼 수도
있고, 고민이 있는 후배들의 편지와 그에 대한 선배들의
답장을 읽으며 답을 얻을 수 있지. 이곳의 특별한 점은
'연결'이야. 정기적으로 열리는 워크투게더 프로그램을
통해 개인적으로는 만나기 힘든 선배를 만나 생생한
이야기를 들어볼 수 있어. 이곳에서 하루를 함께 보내고
나면, 멋지게 성장하고 싶은 벅찬 마음을 함께 느낄 수
있을 거야. 네이버에서 '데스커라운지 1 DAY 이용권'을
예약하고 방문해봐.

📍 서울 마포구 월드컵북로5길
　 41 1층
🕐 매일 10:00~20:00
📷 desker_lounge

- 워크투게더 프로그램은 데스커라운지 인스타그램에
  소식이 올라와.
- 일을 좋아하는 전문가인 기획자 윤소정, 마케터 이승희의
  책상에서 일할 수 있는 'WORKER'S ROOM'도 있어.

누군가의 인생 돈가스를 만나러

카와카츠

'지금까지 먹은 돈가스 중 최고'라는 평이 자자한
곳이야. 최상의 맛을 위해 카와카츠만의 방식으로 열흘간
숙성해서 튀기고 다시 구워낸다고 해. 이 지난한 과정을
거쳐 우리의 식탁에 올라오는 거지. 겉은 바삭하고
속은 촉촉한, 육즙 가득한 풍미를 느낄 수 있을 거야.
돈가스로만 승부하는 이곳은 메뉴도 로스카츠, 히레카츠,
치킨카츠, 가츠산도 등 기본에 충실해. 핑크솔트,
로즈마리 올리브유, 기본 소스의 세 가지 돈가스소스가
준비되어 있으니 취향대로 선택해서 즐겨봐. 돈가스
성지라고 불릴 만큼 인기가 많기 때문에 대기 없이
입장하고 싶다면 평일에 방문하는 것을 추천해.

📍 서울 마포구 동교로 126
  1층 102호
🕐 월~토 11:30~20:00,
  브레이크 타임
  15:00~17:00 /
  일 휴무

캐치테이블에서 원격 줄서기를 하면 기다리는
시간을 줄일 수 있을 거야.

279

**커피와 초콜릿 사이
행복한 고민**

로스팅
마스터즈

📍 서울 마포구 동교로 129 1층
🕐 월~금 08:30~20:30 /
　토 10:00~20:30 /
　일 11:00~18:30
📷 roma_roasting.masters

로스팅마스터즈는 초콜릿과 커피 메뉴를 만날 수 있는 카페로, 커피를 못 마시는 동료와도 방문할 수 있는 곳이야. 스페셜티커피협회에서 품질 인증을 받은, 공정한 거래를 거친 원두를 수입한다고 해. 스페셜 로스팅을 통해 만들어진 이 커피는 '식어도 맛있는 커피'로 인정받고 있어. 초콜릿 또한 모든 무역 과정을 공정하게 관리하는 남미의 농민들과 직접 협업해서 수입하고, 직접 초콜릿을 만들어. 카카오 빈부터 초콜릿 바까지 모든 과정을 핸들링하는 '빈투바' 초콜릿이야. 2024 인터내셔널 초콜릿 어워드에서는 로스팅마스터즈의 빈투바 중 하나인 '말레쿠 빈투바'가 브론즈 상을 수상했다고 해. 초콜릿 음료인 멜팅초코, 커피와 초콜릿이 어우러진 로마커피 등 다양한 커피와 초콜릿 음료들이 있어. 세계적으로 인정받은 맛을 경험하러 방문해보자.

서로의 세상을
이해하면 열리는 문

4233
마음쎈터

📍 서울 마포구 월드컵북로4길
　 43 지하1층
🕐 매일 10:30~21:00
🌐 4233.kr

다른 사람을 이해하는 것은 하나의 세상을 이해하는 것이라는 말이 있잖아. 그만큼 우리는 모두 다르고 타인을 이해하는 건 쉽지 않은 것 같아. 하지만 동료의 마음을 이해하는 건 함께하기 위해 꼭 필요한 일! 4233마음센터는 게임을 하듯 질문들에 답하며 관계를 깊게 들여다볼 수 있는 체험형 심리 전시야. 각기 다른 콘셉트의 방을 지나며 중요한 가치를 선택해보고, 함께 미션을 해결하며 서로의 가치관을 맞춰볼 수도 있어. 체험이 끝나면 오늘 우리의 모습이 담긴 사진과 결과지를 받게 될 거야. 서로 더 깊이 알아가고 싶다면 전문가와의 상담도 예약할 수 있어. 예약은 네이버 지도에서 할 수 있는데, 인기가 많아서 보통 한 달치 예약이 다 차 있어. 원하는 일자가 있다면 미리 체크하고 예약하기!

이야기가 술술 나오는 칵테일 바

토트

- 📍 서울 마포구 양화로6길
  57-21 1층
- 🕐 월~금 19:00~02:00 /
  토~일 16:00~02:00
- 📷 tottseoul

토트*tott*는 '이야기가 모이는 곳*talk of the town*'이라는 의미를 담고 있어. 폐쇄적인 이미지인 보통의 바와는 달리, 문턱이 없고 개방되어 있어서 여러 이야기를 가진 사람들이 자유롭게 드나들도록 만들었어. 날씨가 좋은 날에는 계절과 칵테일을 함께 만끽할 수 있지. 동료와 함께 방문한다면 편안한 분위기에 대화가 술술 나올지도 몰라. 토트의 대표 전대현 바텐더는 해외의 대회에서 우승한 이력이 있어. 다른 나라의 바텐더들을 토트로 초대해서 색다른 맛을 경험할 수 있게 하기도 하고, 해외에서 바텐딩을 진행하기도 해. 공간과 경험이 주는 매력으로, 단골이 많은 곳이야. 계절마다 새롭게 선보이는 시즌 한정 메뉴는 꼭 마셔봐. 봄에는 풀밭 위의 피크닉을 떠올리게 하는 칵테일을, 겨울에는 해가 지지 않는 하얀 밤을 느낄 수 있게 하는 칵테일을 선보이는 등 그 계절의 한 장면으로 들어가게 만들어 줘.

무언가를 함께 만들며 가까워지고 싶다면

동료가 좋아하는 것이 무엇인지 알고 있어? '내가 좋아하는 것'의
의미를 담은 원석으로 팔찌를 만드는 '오프르'에 함께 가봐. '너는
이런 것을 좋아하는구나' 자연스럽게 대화를 나누며, 일할 때는
미처 발견하지 못했던 동료의 행복을 엿볼 수 있을 거야.

함께 성장하고 싶다면

성장을 파는 서점,
'오키로북스'에서는 성장에 관한
다양한 책들과 워크숍, 북토크를
만날 수 있어. 운영자가 직접
읽어보고 추천 이유를 알려주는
책들이 진열되어 있어서 지금
우리에게 필요한 주제를
발견하기 좋아. 2층의 공간은
워크숍, 책을 읽는 공간 등으로
변경되어 운영돼.

한식이 당긴다면

미쉐린, 블루리본 스티커가
반겨주는 '옥동식'은 뉴욕에도
진출한 돼지국밥 집이야. 담백하고
맑은 국물의 국밥으로 먹고 나오면
두고두고 생각나는 깊은 맛이야.

저녁 식사와 술을 동시에 즐기고 싶다면

'쿠시카츠쿠시엔'은 많은 음식점이 생기고
사라지는 마포에서 9년간 꾸준히 영업한 저력
있는 곳으로 신선한 재료를 바로 튀겨서 내어주는
꼬치 선술집이야.

디저트를 좋아하는 동료와 함께라면

'이미커피'는 좋아하는 디저트를 고르면 그에 가장 어울리는
커피를 페어링해주는 곳이야. 디저트 메뉴가 2주마다 바뀌는 '격주
페어링'과 월마다 바뀌는 '월간페어링'을 진행하기 때문에 언제 가도
새로운 맛을 즐길 수 있어.

✳ 가성비 여가 생활 꿀팁 ✳

일상의 환기를 위해 여행을 가고 싶지만 그럴 여력이 되지 않아 고민이야? 이동 거리와 비용 부담을 줄이면서도 즐거움을 얻을 수 있는 꿀팁을 소개할게. 짧지만 소중한 주말 중 잠깐이라도 시간을 내어 내가 좋아하고 흥미로운 것들을 능동적으로 챙겨주자. 하루, 이틀 시간이 흐르다 보면 어느덧 다채로운 날을 보내는 나를 발견하게 될 거야.

✳ ── 무료로 영감을 충전하고 싶어! ── ✳

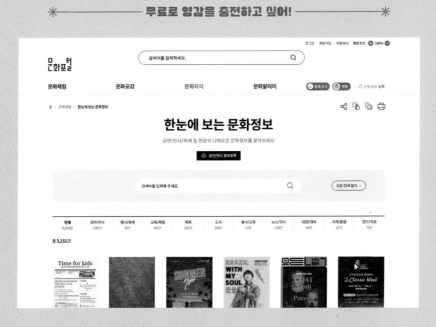

문화포털

✦ '문화체험' 탭에서 '한눈에 보는 문화정보'를 확인해봐. 전국의 공연/전시, 행사/축제, 교육/체험 등 다양한 정보를 제공하거든. 장르부터 지역과 날짜까지 설정해서 찾을 수 있으니 유용할 거야. 우리나라엔 무료로 전시 관람이 가능한 갤러리가 정말 많아. 가까운 곳에서 어떤 전시가 열리고 있는지 확인해보자.

✦ '문화체험' 탭의 '문화캘린더'에서는 다양한 문화 정보를 요일별, 월별로 확인할 수 있어. 미리 일정을 계획하기에도 좋고, 뜬금없이 외출하고 싶을 때 참고하기에도 좋아.

✦ '문화체험' 탭의 '집콕 문화생활'에서는 온라인으로 관람할 수 있는 전시나 공연, 강연 등의 정보를 제공해. 언제, 어디에 있든 내가 있는 장소에서 영감을 충전할 수 있는 거야. 한 발짝 내딛기도 귀찮고 피곤한 날이지만 뭐라도 하고 싶을 때 집콕 문화생활을 이용해보자.

도서관 활용하기

다양한 책을 읽으며 사유해보는 건 어때? 가까운 도서관을 방문해보자. 생각보다도 훨씬 다양한 장르의 책을 구비하고 있어 놀랄지도 몰라. '희망 도서 바로대출'이라는 시스템을 활용하면 새 책을 내가 제일 먼저, 그것도 무료로 볼 수 있어. 새로 출간된 책이나 도서관에서 소장하고 있지 않은 책을 신청하는 게 좋아. 도서관에서 수령하는 것이 아닌, 가까운 책방에서 수령할 수 있지. 다만, 도서관 예산에 따라 조기 마감되기도 하니 연초와 월초를 노려보길 바라. 그리고 '대여'이기 때문에 깨끗하게 읽고 반납해야 해! 또 도서관에서는 '무료 대여 피크닉'이 가능해! 거주하는 지역+도서관 피크닉을 검색해서 가까운 북크닉을 찾아봐.

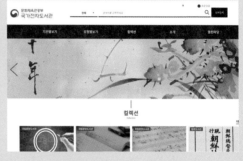

전자도서관

이북리더기가 있다면, 전자도서관을 이용하는 것도 추천해. 교보문고나 알라딘, yes24 등에도 무료 전자 도서가 있으니 참고하길 바라.

필사로 사고력 높이기

사고의 확장과 어휘력 레벨업에 가장 도움 되는 건 바로 필사하기야. 좋아하는 문장이나 책의 내용을 진짜 내 것으로 흡수하는 과정이거든. 필사에 있어 가장 중요한 점은 그저 따라 쓰는 것이 아닌, 이해한 뒤 외워서 옮겨야 한다는 거야. 처음엔 어렵겠지만 점차 단어에서 문장으로, 문장에서 문단으로 늘어날 거야. 이렇게 필사를 하면 나의 언어 세계도 넓어지고 무엇보다 인상 깊은 내용을 더 선명하게 기억할 수 있어. 필기구로 직접 작성하는 게 번거롭다면, 온라인 필사 사이트를 추천해. 스마트폰으로도 이용할 수 있고, 필사하기 좋은 문장을 참고하기에도 좋아.

K-Mooc

전공부터 교양까지 전문적인 대학
강의를 무료로 수강할 수 있는
사이트야. 배워보고 싶었던 게 있거나
조금 더 지적인 시간을 보내고 싶을 때
추천해. 그저 수강만 하는 게 아니라,
시험을 통해 자격증도 취득할 수 있어.

EBSi

EBSe

EBS

EBSi에서는 중고등학교 때
학교에서 배웠던 과목들을
무료로 들을 수 있어.
영어 공부를 하고 싶다면,
EBSe의 '펀리딩' 탭에서
'도서'를 선택해봐. 단계별
영어 원서를 무료로 읽을
수 있고, mp3 음성이나
vod 영상을 제공하기도 해.

씨앗도서관

책처럼 씨앗을 대출받아 재배한 후, 수확한 씨앗을 기간 및 수량에
상관없이 자율적으로 반납하는 프로그램이야. 식집사가 되고
싶었다면 추천해.

서울시 공공서비스 예약

서울 시민이라면 서울시 공공서비스 예약을 추천해. 문화 체험과 취미 클래스, 강의
등을 무료 혹은 합리적인 가격대로 제공하고 있어. 다만, 서울 시민만 이용할 수 있다는
점 참고해줘. 서울시 공공서비스 예약 사이트의 '공간시설' 그중에서도 '캠핑'은 다른
지역 주민도 이용할 수 있어. 서울 시민 우선 예약과 '전 국민 예약'으로 나뉘니 틈틈이
살펴보고 예약하도록 하자.

✳ 여행 중 실내에서 즐길 수 있는 놀 거리 ✳

밖에서도, 안에서도 나의 세상이 넓어지는 여행. 바깥 세상을 충분히 즐겼다면,
실내에서 보내는 시간은 나와 서로에게 집중해보는 게 어떨까? 집이 아닌 다른 곳인 만큼,
이 시간의 농도가 조금은 다르고, 진할지도 몰라. 여행을 하며 든 각자의 생각을 공유해도
좋고, 평소라면 꺼내기 어려웠던 진솔한 이야기들을 해봐도 좋아. 맛있는 음식도 직접 해
먹어보고, 시간이 훌딱 지나갈 정도로 재밌는 게임도 하며 잊지 못할 추억을 쌓아보자.

✳ 파티엔 먹을 것이 빠질 수 없지! ✳

미쉬울랭 가이드

매주 밀키트를 소개하는 밀키트계의 미슐랭 가이드!
재료 구성부터 맛 평가, 가성비는 어떤지 꼼꼼히 분석해주는 뉴스레터야.
실패 없는 밀키트 구매를 위해 참고해보고, 여행 갈 때도 활용해봐.

링꼬테이블

사과, 오렌지, 못난이 과일 등으로 뱅쇼를 만들 수 있는 키트를 판매하는
곳. 과일 종류에 따라 키트도 여섯 종류야. 못난이 과일로 만든 뱅쇼
이름은 '밉지만 나도 뱅쇼 키트'인 점이 귀여워. 번거롭게 마트에서
과일을 여러 개 사지 않고, 이렇게 키트로 간단하게 사면 남는 재료
없이 깔끔하게 만들 수 있어. 겨울이라면 몸을 녹여줄 따뜻한 뱅쇼로,
여름이라면 시원한 파티 음료처럼 차가운 뱅쇼로 만들어보자.

크라임 퍼즐

'책으로 푸는 추리 게임이 얼마나 재밌겠어?' 의심했다면
이 책이 주는 짜릿함에 놀라게 될 거야. 힌트를 따라 퍼즐을 풀고 범인을
찾는 과정이 아주 흥미진진하거든. 앉은 자리에서 몇 시간이 지나
있었다는 후기가 자자해. 혼자서도 충분히 재밌고, 여럿이 머리를 맞대고
풀어보아도 좋아.

블리츠

간단하지만 아주 스릴 넘치는 게임이야. 주제에 맞는 단어를 가장 빨리
외쳐 카드를 모으는 방식. 할리갈리의 단어 연상 버전이라고도 할 수 있지.
급한 마음에 튀어나오는 기상천외한 답변들로 배를 잡게 된다는 후문.
"랭으로 시작하는 단어!" 하면 "랭랭이!"라고 답하는
한 글자 버전도 재있어.

텔레스트레이션

그림을 못 그리는 사람일수록 더욱 빛날 수 있는 '그림 텔레파시'
게임이야. 첫 타자가 키워드에 맞는 그림을 그리면, 그다음 타자가 그림을
토대로 답을 유추하고 다음 타자에게 답에 맞는 그림을 그려주는 그림
이어달리기 형식이지. 옛날 가족오락관의 그림 그리기 버전이랄까? 서로
그린 그림에 울고 웃고 깔깔거리다 보면 시간이 순삭된다고.

✳ 노션 템플릿으로 여행 코스 기록하기 ✳

주말토리가 추천하는 주말 여행 코스를 보고 당장 떠나고 싶어졌다면?
나만의 주말 여행 코스를 더 알차게 기록할 수 있도록
주말토리가 노션Notion 템플릿을 무료로 제공할게.
첫 책《여기 가려고 주말을 기다렸어》에서 큰 인기를 얻었던
주말 기록 노션 템플릿의 업그레이드 버전이야.

이 템플릿으로《여기 가려고 주말을 기다렸어: 원데이 코스》에서
소개하는 코스 중 마음에 드는 곳을 저장해도 좋고, 직접 다녀온 곳의
리뷰와 사진 등을 남기며 나만의 여행 기록을 완성해도 좋아. 동네별로
여행 기록을 볼 수도 있고, 나만의 명예의 전당을 만들어 누군가와
공유하는 것도 가능해! 동행인과 함께 날짜와 예산, 장소별 코스, 여행
시 준비물까지 직접 짜보는 것도 재미있을 거야. 차곡차곡 기록하다 보면
어느새 근사한 나만의 여행 일기가 완성되어 있을지도 몰라.
주말 여행의 설렘을 더 오래 간직하고,
추억을 더 풍성하게 만들어보는 건 어때?

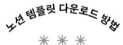

노션 템플릿 다운로드 방법

✳ ✳ ✳

1. 아래 QR코드를 인식한다.
2. 주말토리 뉴스레터를 구독한다.
3. 무료로 다운로드 받는다.

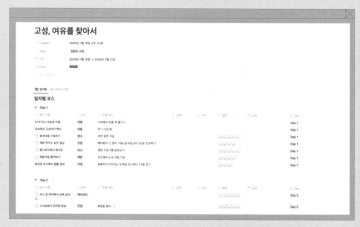

---------- ✳ IMAGE COPYRIGHT ✳ ----------

업체 제공

111호프로젝트
4233마음센터
가가책방
곡물집
굿올데이즈호텔
꼰떼
꽃피는춘삼월
꿈꾸는가
놀자대게
뉴늄
다래헌
대구근대골목단팥빵 본점
대림미술관
데스커라운지 홍대점
도셰프
도심다원
랑꼬뉴
레이저아레나 대구
로스팅마스터즈 본점
룰스퀘어
르봉빵 본점
리추얼마인드
맹그로브 고성
모닉
목련양과
목수정
목인박물관 목석원
몽크투바흐
몽토랑
무명
문우
민플라워카페
밀림슈퍼
벚꽃경양식 요리하는아빠
베케
벽오동
북경탕수육
북끝서점
브레드브레드바나나
비엣커피
비채커피
빌레방디

사랑은연필로쓰세요
사부작
사운드워킹
삭스타즈
서울생활사박물관
설해온천
소전서림
쇼니노
수원시립미술관
순천전통야생차체험관–문유선
스테이봉정
시안미술관
아리힐스(병방치)
아마씨
아트선재센터(CJYART STUDIO 조준용)
애뜨락
어쩌다어달
여여한 사생활
여행책방 잔잔하게
오디움
오르머
오수의견공원
옥정호
왕의지밀
율스테이샵
웨일스
이립
이사부초밥
이스트씨네
이월서가
이응노미술관
이탈리아마을 피노키오와 다빈치
인스파이어 엔터테인먼트 리조트
임실치즈테마파크
자연도소금빵
저지문화예술인마을
전주 경기전
제주도민속자연사박물관
지구불시착
진한국밥
차마실
차미라미
책방골목시진관

천주난장
청담나인
초당쫄면순두부
카와카츠 본점
카페온당
카페우유일기
카페울라
콜드버터베이크샵
태백닭갈비
탬파
토트
패터슨커피
퍼머넌트
평사리의그집
포이세라믹스 앤 윗하우스
풍류
풍월당
한국관광공사 포토코리아–
강시몬(메타세쿼이아길)
한국관광공사포토코리아–
김영수(세량제)
한국관광공사포토코리아–
김지호(금강산관광원, 낙산사, 민동산,
순천전통야생차체험관, 태백산)
한국관광공사포토코리아–
박병갑(태백산)
한국관광공사포토코리아–
송재근(악어봉, 충주호, 맵싸리원)
한국관광공사포토코리아–
신민선(삼성궁)
한국관광공사포토코리아–
양지뉴필름(나리분지)
한국관광공사포토코리아–
원만석(세량제)
한국관광공사포토코리아–
이범수(순천만국가정원, 한밭수목원,
예당호출렁다리)
한국관광공사포토코리아–
정재호(임고서원)
한국관광공사포토코리아–
테마상품팀 IR 스튜디오(왕곡마을)
한국관광공사포토코리아–
테마상품팀 IR 스튜디오(화진포)

한국관광공사포토코리아-허칠구(삼성궁)
한국관광공사포토코리아(죽도봉공원)
한밭수목원
해리하스
헤리티지클럽
현대요트 인천점
홀리데이빈티지
화계절
히비안도코하쿠
benebene2010
Coley
NEW IBERIA
Yes Mountain

개인 제공

구성수(왕의지밀)
김동규(룰스퀘어)
blog.naver.com/aa247878(자우림 캠핑장)
blog.naver.com/babpul_091(연하포차나)
blog.naver.com/bizzy5924(백촌막국수)
blog.naver.com/blisssmh(북촌곰탕)
blog.naver.com/camping-record(나리분지 야영장식당)
blog.naver.com/castle_913(다문)
blog.naver.com/coconutty_space(이태원 앤티크 가구 거리)
blog.naver.com/cpath(제민천)
blog.naver.com/cr326(나리분식 야영장식당)
blog.naver.com/daisyounghwa(해상궁)
blog.naver.com/dh6897(백촌막국수)
blog.naver.com/eji_1ee(혜성칼국수)
blog.naver.com/favorite_274(초당쫄면순두부)
blog.naver.com/frommy20s(꼰떼)
blog.naver.com/gofl35(태백닭갈비)
blog.naver.com/hadassah5(연하포차나)
blog.naver.com/hamgang_(빨간지붕)
blog.naver.com/happy_dyong(대전사람수부씨)
blog.naver.com/hatty-(청운문학도서관)
blog.naver.com/hindro(힌드로)
blog.naver.com/iset37(임고초등학교)
blog.naver.com/jang387(임고초등학교)
blog.naver.com/jhjin10(빨간지붕)
blog.naver.com/jihong88(두오모)
blog.naver.com/jsgks(죽도봉공원)
blog.naver.com/juoooooo_y(라운드어바웃)

blog.naver.com/juoooooo_y(평사리의그집)
blog.naver.com/kimkahee1(두메막국수)
blog.naver.com/kimyd4100(화순적벽)
blog.naver.com/kn33zu(청대문)
blog.naver.com/liferature(더숲 초소책방)
blog.naver.com/ljy050909(태백닭갈비)
blog.naver.com/lovelyctr2022(두메막국수)
blog.naver.com/maze_2309(해미가)
blog.naver.com/mcm2922(그린가든)
blog.naver.com/misoonlog(남서일몰전망대)
blog.naver.com/nakeun22(천수맛집)
blog.naver.com/nengpo2010(임고초등학교)
blog.naver.com/oliolioli_(북경탕수육)
blog.naver.com/reviewcon(연하포차나)
blog.naver.com/sh880617(바다곳간)
blog.naver.com/sitorsun(차마실)
blog.naver.com/sk1224(슈가민)
blog.naver.com/smsky11(달보드레 딸기농장)
blog.naver.com/sohyun3728(간달미농가맛집)
blog.naver.com/sonkim13(째즈와 산조)
blog.naver.com/ssongs_92(화랑대 철도공원)
blog.naver.com/su_youn2742(슈가민)
blog.naver.com/su88888888(혜성칼국수)
blog.naver.com/sweetimo(다문)
blog.naver.com/thgusaksu(진한국밥)
blog.naver.com/tjdwkd365(제민천)
blog.naver.com/travel_ggab9011(나리분식 야영장식당)
blog.naver.com/vzzxzzv(달보드레 딸기농장)
blog.naver.com/with_gee(차마실)
blog.naver.com/wjdth401(걸미산녹색나눔숲)
blog.naver.com/wngk1303(째즈와 산조)
blog.naver.com/1003julie(자우림캠핑장)
@eunii_pic(용산공원-장교숙소5단지)
@kimdongkyu(룰스퀘어)

여기 가려고 주말을 기다렸어:
원데이 코스

초판 1쇄 인쇄 2024년 10월 25일
초판 1쇄 발행 2024년 11월 13일

지은이 주말토리(김차영, 윤재연, 황엄지)
펴낸이 이경희

펴낸곳 빅피시
출판등록 2021년 4월 6일 제2021-000115호
주소 서울시 마포구 월드컵북로 402, KGIT 19층 1906호